经典 军用舰船鉴赏指南

军情视点 编

化学工业出版社
·北京·

本书收集了全球两百余种军用舰船，包括航空母舰、巡洋舰、驱逐舰、护卫舰、两栖攻击舰、滨海战斗舰、潜艇、巡逻舰、登陆艇、补给舰、扫雷舰等。书中对每种战舰都有详细的性能介绍，并附有准确的参数表格。通过阅读本书，读者能够对军用舰船有一个系统、全面的认识。

本书不仅是广大青少年朋友学习军事知识的不二选择，也是军事爱好者收藏的绝佳对象。

图书在版编目(CIP)数据

经典军用舰船鉴赏指南 ：金装典藏版／军情视点编.
--北京 ：化学工业出版社，2017.5（2025.4重印）
ISBN 978-7-122-29380-0

Ⅰ. ①经… Ⅱ. ①军… Ⅲ. ①军用船-世界-指南
Ⅳ. ①E925.6-62

中国版本图书馆CIP数据核字(2017)第065502号

责任编辑：徐 娟　　装帧设计：中海盛嘉
责任校对：宋 玮　　封面设计：刘丽华

出版发行：化学工业出版社(北京市东城区青年湖南街13号　邮政编码100011)
印　　装：中煤（北京）印务有限公司
710mm×1000mm　1/16　印张 18　字数　450千字　2025年4月北京第1版第2次印刷

购书咨询：010-64518888　　售后服务：010-64518899
网　　址：http://www.cip.com.cn
凡购买本书，如有缺损质量问题，本社销售中心负责调换。

定　　价：69.80元

前言

舰船是海军作战的主要装备，现代科学技术的飞速发展，给舰船的发展带来了深刻的影响，一些新技术在舰船上得到应用，给未来海上作战方式带来了深刻的变化。现代军舰一般装有导弹、火炮、鱼雷等武器，有的还有舰载飞机和直升机。现代军用舰船主要包括航空母舰、战列舰、巡洋舰、驱逐舰、护卫舰、两栖攻击舰、潜艇以及滨海战斗舰等主力战舰，还包括巡逻艇、登陆艇、补给舰、扫雷舰等辅助舰船。

随着国际贸易和航运的扩展、海洋资源的进一步开发，国际海洋斗争日趋激烈，各滨海国家都不断运用先进科学技术的成果，发展各类新式军舰，以提高本国海军的综合实力。涌现除了如美国“尼米兹”级航空母舰、英国“大刀”级护卫舰、美国“朱姆沃尔特”级驱逐舰等具有先进技术水平的海军舰船。

本书收集了全球两百余种军用舰船，包括航空母舰、巡洋舰、驱逐舰、护卫舰、两栖攻击舰、滨海战斗舰、潜艇、巡逻舰、登陆艇、补给舰、扫雷舰等。每种战舰都有详细的性能介绍，并附有准确的参数表格。通过阅读本书，读者能够对军用舰船有一个系统、全面的认识。

作为传播军事知识的科普读物，最重要的就是内容的准确性。本书的相关数据资料均来源于国外知名军事媒体和军工企业官方网站等权威途径，坚决杜绝抄袭拼凑和粗制滥造。在确保准确性的同时，我们还着力增加趣味性和观赏性，尽量做到将复杂的理论知识用简明的语言加以说明，并添加了大量精美的图片。

参加本书编写的有丁念阳、黎勇、王安红、邹鲜、李庆、王楷、黄萍、蓝兵、吴璐、阳晓瑜、余凑巧、余快、任梅、樊凡、卢强、席国忠、席学琼、程小凤、许洪斌、刘健、王勇、黎绍美、刘冬梅、彭光华、邓清梅、何大军、蒋敏、雷洪利、李明连、汪顺敏、夏方平等。在编写过程中，国内多位军事专家对全书内容进行了严格的筛选和审校，使本书更具专业性和权威性，在此一并表示感谢。

由于时间仓促，加之军事资料来源的局限性，书中难免存在疏漏之处，敬请广大读者批评指正。

编者

2016年10月

目录

目录

第3章 苏联/俄罗斯舰船 125

目录

目录

LEANING FORWARD

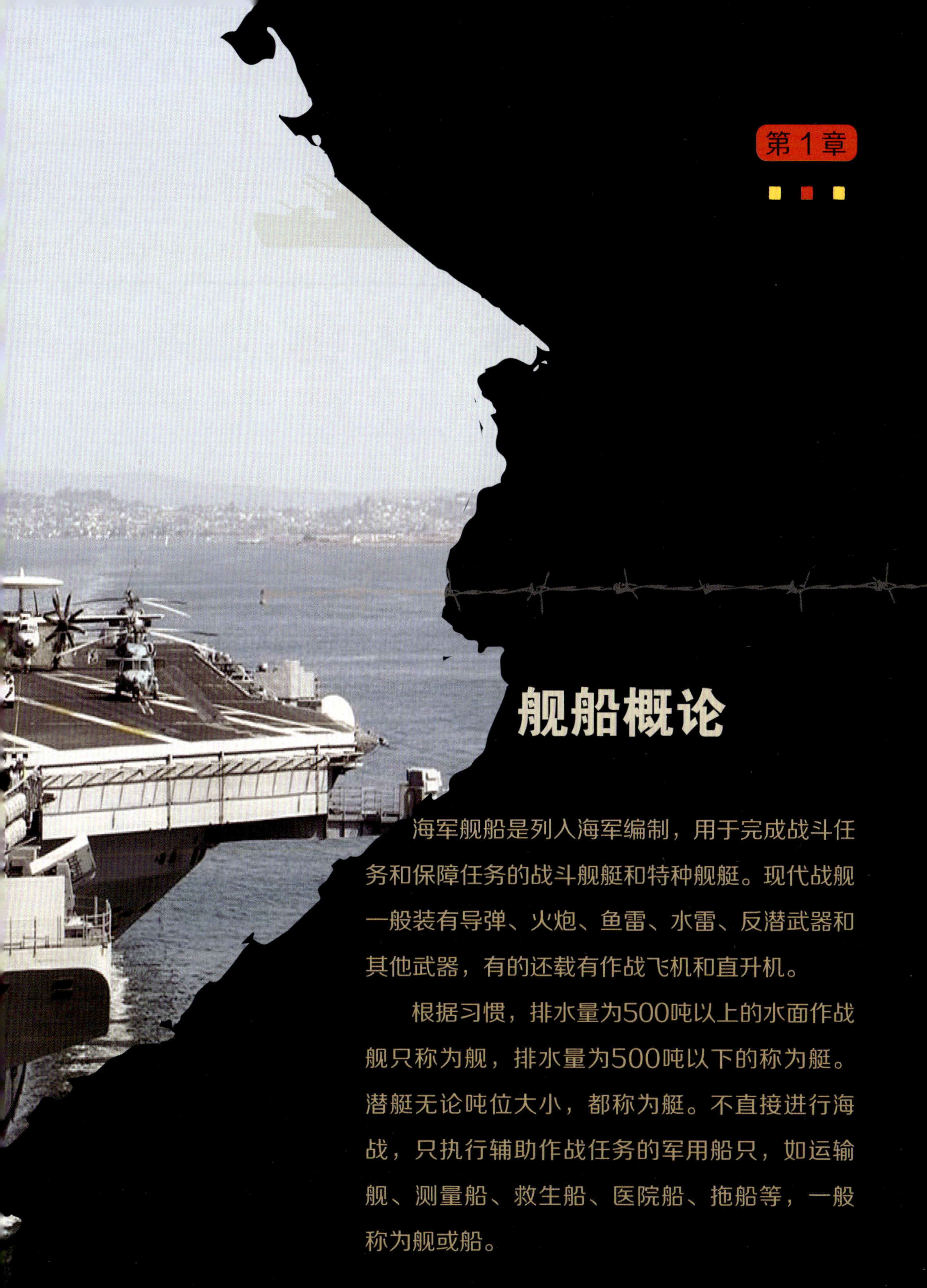

第1章

舰船概论

海军舰船是列入海军编制，用于完成战斗任务和保障任务的战斗舰艇和特种舰艇。现代战舰一般装有导弹、火炮、鱼雷、水雷、反潜武器和其他武器，有的还载有作战飞机和直升机。

根据习惯，排水量为500吨以上的水面作战舰只称为舰，排水量为500吨以下的称为艇。潜艇无论吨位大小，都称为艇。不直接进行海战，只执行辅助作战任务的军用船只，如运输舰、测量船、救生船、医院船、拖船等，一般称为舰或船。

舰船的发展历程

公元前1200多年，古埃及和古希腊就已经出现了以划桨为主动力、以风帆为辅助动力的战舰。由于科学技术的限制，此后的数千年时间里，世界上的舰船均为木质结构，并以风帆为辅助动力。

17世纪中叶，军用舰船开始根据甲板层数和火炮数量分级，分别划分为一至六级舰。一、二、三级舰火力最强，作战时排成一条线纵列进行射击，因此被称为战列舰，战列舰是海军的核心战力；四、五级舰火力较弱，但航速较快，因此被称为巡航舰，主要用于侦察和海运航线上活动；六级舰多为辅助舰船，主要负责通信和勤务。

1776年，英国的瓦特制造出第一台经过改良的具有实用价值的蒸汽机，之后又经过一系列重大改进，使之成为“万能的原动机”。此后，各战舰开始使用蒸汽机作为主动力。蒸汽机不仅能为战舰提供前进的动力，还能用于操纵船舵系统、锚泊系统（即抛锚停泊系统）、转动装甲炮塔、装填弹药、抽水及升降舰载小艇等方面。与此同时，依靠蒸汽机的动力，冶金、机械和燃料工业也得到快速发展，同时促进了战舰材料、武器装备和建造工艺的革命性变革。到19世纪，蒸汽动力、金属船体、新式火炮结合一体的铁甲船成为各海军强国的主要装备。

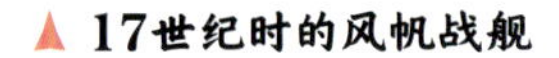

▲ **17世纪时的风帆战舰**

▲ **瓦特**

1843年，法国建成了世界上第一艘使用螺旋桨推进的蒸汽战列舰“拿破仑”号。此后，英国、俄国等海军都装备了蒸汽舰船。到了19世纪70年代，许多国家的海军舰船已经基本从帆船过渡到蒸汽铁甲舰队。此时的战舰逐渐向提高机动性、增大排水量、增强舰炮攻击力和加强装甲防护的方向发展。

1914年，第一次世界大战（以下简称一战）爆发，战列舰成为各国海军舰队的核心，各主要参战国总共拥有数百艘战列舰。20世纪20～30年代，航空母舰开始得到发展。到了第二次世界大战（以下简称二战）时，战列舰逐渐失去主力舰的地位，航空母舰和潜艇得到迅速发展。航空母舰编队的机动作战、潜艇战等成为海战的主要形式。

二战后，少数国家研制出核武器，并制造出了核导弹、核鱼雷、核水雷等武器，潜艇和航空母舰也向着核动力化方向发展。

时至今日，世界上已有100多个国家和地区拥有海军。随着国际航运和海洋资源的进一步开发，国际海洋斗争日益激烈，各国海军战力也得到不断的提高，并出现了众多火力强大、性能先进的舰艇。

▲“拿破仑”号蒸汽战列舰（扔挂有作为辅助动力的风帆）

▼美国在二战时建造的“博格”级护航航空母舰

▼世界上第一艘核动力航母“企业”号航空母舰

军用舰艇分类

现代军舰根据功能不同，主要分为航空母舰、战列舰、巡洋舰、驱逐舰、护卫舰、两栖攻击舰、潜艇等主力战舰，以及巡逻艇、登陆艇、补给舰、扫雷舰等辅助舰船。

▼ 航空母舰战斗群编队

航空母舰

航空母舰（Aircraft Carrier，常简称为航母）是一种以搭载舰载机为主要武器的军舰，舰体通常拥有供固定翼飞机起降的巨大甲板和位于左侧（或右侧）的岛式舰桥（一般称为舰岛）。航空母舰是航空母舰战斗群的核心，舰队中的其他船只负责保护航空母舰并提供供给，航空母舰则提供空中支援和远程打击能力。航空母舰是目前世界上最大的武器系统平台，发展至今已成为现代海军不可或缺的武器，也是海洋战争中最重要的战舰之一。

▲ "尼米兹"级航空母舰

战列舰

战列舰（Battleship，又称为战斗舰）是一种发口径火炮攻击与厚重装甲防护为主的高吨位海军作战舰艇，能够执行远洋作战任务。战列舰具有很强的装甲防护能力和较强的突击能力，是近代海军舰队不可或缺的中坚力量。战列舰曾是人类建造的最庞大、最复杂的武器系统之一，在二战结束后，战列舰的地位被航空母舰和潜艇所替代，逐渐退出了历史舞台。

▲ "田纳西"号战列舰

巡洋舰

巡洋舰（Cruiser）指在排水量、火力、装甲、防护等方面仅次于战列舰的大型水面舰艇。它拥有同时对付多个目标的能力，能胜任多种多样的任务。巡洋舰的排水量一般在8000～30000吨左右，现代巡洋舰装备有导弹、火炮、鱼雷等武器，动力装置多采用蒸汽轮机，少数采用核动力装置，有些巡洋舰还可搭载反潜直升机。

▲“提康德罗加”级巡洋舰

驱逐舰

驱逐舰（Destroyer）是一种多用途的军舰，从19世纪90年代至今都是海军最重要的舰种之一。最初驱逐舰的任务是负责配合主力攻击的战列舰的支援工作，现代驱逐舰随着性能提升，并安装有防空导弹、反舰及反潜导弹，能执行广泛的作战任务，是现代海军舰艇中的“多面手”，是用途最广的舰艇。

▲“阿利·伯克”级驱逐舰

护卫舰

护卫舰（Frigate）是以导弹、舰炮、深水炸弹及反潜鱼雷为主要武器的中型、轻型水面战斗舰艇。其主要任务是为舰艇编队负责反潜、护航、巡逻、警戒、侦察及登陆支援作战等任务。在现代海军编队中，护卫舰是在吨位和火力上仅次于驱逐舰的水面作战舰船，曾被称为护航舰或护航驱逐舰。护卫舰具有一定的远洋作战能力，是各国海军装备数量最多的水面作战舰艇。

▲“守护”级护卫舰

两栖攻击舰

两栖攻击舰（Amphibious Assault Ship）也称为两栖突击舰，是一种用来在敌方沿海地区进行两栖作战时，在战线后方提供空中和水面支援的军舰。两栖攻击舰由直升机航空母舰发展而来，可装载登陆艇，且相较于多数航空母舰，不少两栖攻击舰可拥有更密集的自身防护武器，在很多时候可以不需要护卫舰对其保护。由于两栖攻击舰是现代军舰中大小与排水量仅次于航空母舰的舰种，因此在没有航空母舰的舰队中，两栖攻击舰往往会成为舰队旗舰。

▲“黄蜂”级两栖攻击舰

潜艇

潜艇（Submarine）也称潜水艇，指能够在水下作战的舰艇。军用潜艇大多为圆柱形，船中部通常设立一个垂直的舰桥，早期称为“指挥塔”，舰桥多具有平直的矩形截面，早期多为阶梯形，其内部有通信、感应器、潜望镜和控制设备等。

▲“北风之神”级潜艇

潜艇按照动力分为常规潜艇和核潜艇。按照作战任务分为攻击潜艇和战略导弹潜艇。攻击潜艇的任务包括攻击敌军军舰或潜艇、近岸保护、突破封锁、侦察和掩护特种部队行动等；战略导弹潜艇是战略性武器，担负战略威慑和核反击的任务。其研发需要高度和全面的工业能力，目前只有少数国家能够自行设计和生产军用级潜艇。

登陆舰、登陆艇

登陆舰艇（Landing Craft）是海军执行登陆作战的舰艇。它通常在两栖作战期间从海对岸运载登陆兵或战车等武器装备。由于登陆舰艇会在海滩使用，所以它们大多是平底设计，并且多设计为用平面的前舷吊桥来代替正常的船艏，这样的设计便于人员和车辆下船登陆。气垫登陆艇可以利用气垫在海面高速航行，可以将人员和车辆直接输送上陆。

▲LCA登陆艇

补给舰

补给舰（Replenishment Oiler）主要用于为航空母舰战斗编队、舰船供应正常执勤所需的燃油、航空燃油、弹药、食品、零配件等补给品，是专门用来在战斗中帮助队友的舰船，其特殊设计允许它安装战舰级的远端维修系统，并且减少所有辅助维修系统的资源需求，因此在任务中被广泛地使用。

▲“亨利·J·恺撒”级油料补给舰

扫雷舰

扫雷舰（Minesweeper）是专门用来清扫海中的水雷，以保护船只航行与航道安全的海军水面舰艇，。扫雷舰一般属于二线作战舰艇，船上的武器多以自卫为主。扫雷舰的作业方式是在可能有水雷出现的海域来回航行，利用舰上的扫除设备清除与引爆水雷。扫雷舰清扫水雷的装备包括机械型装备和感应型装备两大类，机械型装备用来切断水雷的线路，感应型装备是针对感应船只的声音、磁性或压力变化的水雷，制造足以引爆水雷的假信号，以达到清除的目的。

▼“复仇者”级扫雷舰

美国舰船

美国海军拥有悠久的历史与深厚的传统底蕴，它不仅是美国军事力量的核心支柱，更是其全球战略布局的关键支撑。美国海军装备了航空母舰、巡洋舰、驱逐舰、潜艇、两栖舰艇、补给舰等多型舰艇，具备全球范围内的作战能力。

“克利夫兰”级轻型巡洋舰

“克利夫兰”（Cleveland）级轻型巡洋舰由美国于20世纪40年代研制，是美国在二战中参战数量最多的巡洋舰，战争期间该级巡洋舰没有一艘被击沉。

“克利夫兰”级装有4门三联装Mk16型152毫米舰炮、6门双联装Mk12型127毫米舰炮、12门40毫米博福斯高炮和20门20毫米厄利空高炮。该级巡洋舰使用了先进的独立防水隔舱，因而在对鱼雷、水平攻击的防护方面比较优秀，再加上火力强大，因此该级舰经常作为快速航母编队的成员参加战斗。“克利夫兰”级巡洋舰共建造有27艘，其中3艘在战后建成服役。“克利夫兰”级巡洋舰于1979年12月全部退役。

英文名称：
Cleveland Class Cruiser

研制国家：美国

生产数量：27艘

服役时间：1942～1979年

主要用户：美国海军

基本参数

满载排水量	14131吨
全长	186米
全宽	20.2米
吃水	7.5米
最高航速	32节
续航距离	10000海里
舰员	1258人
发动机功率	74570千瓦
舰载机数量	2架

“伍斯特”级轻型巡洋舰

“伍斯特”（Worcester）级轻型巡洋舰是美国在二战后建造的巡洋舰，同级共2艘："伍斯特"号和“罗诺克”号。

“伍斯特”级最初的设计中，提供近距离对空火力的是11座四联装或者双联装的40毫米博福斯机关炮，以及20门20毫米厄利空机关炮。但是在随后的建造中，所有的博福斯炮被12座双联装50倍径3英寸炮所取代。因为后者这类中口径高炮，是美国海军专门为能发射配备了无线电引信的高效能炮弹而设计的，较之前者对于来袭的敌机更有杀伤力。修改后，20毫米厄利空机关炮也被削减到12～16门。为3英寸速射炮提供射控的是4台Mk56式指挥仪。

英文名称：
Worcester Class Cruiser
研制国家：美国
生产数量：2艘
服役时间：1948～1958年
主要用户：美国海军

基本参数

满载排水量	18000吨
全长	207.1米
全宽	21.5米
吃水	7.5米
最高航速	33节
续航距离	8000海里
舰员	1401人
发动机功率	89484千瓦

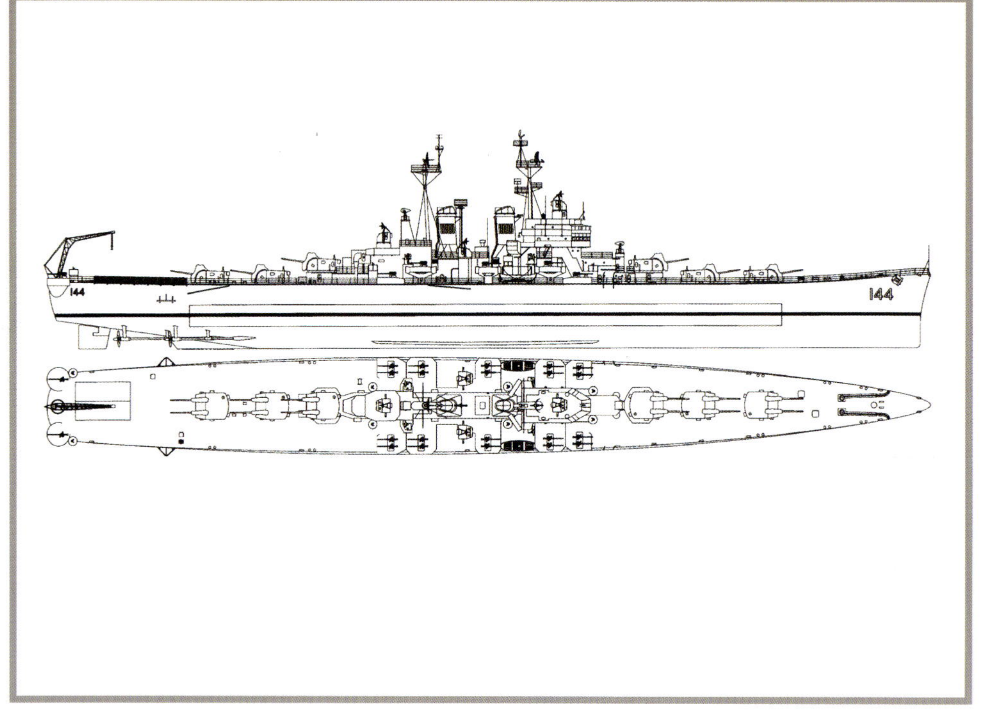

▲“伍斯特”级巡洋舰结构图

▼“伍斯特”级巡洋舰侧方视角

"波特兰"（Portland）级重型巡洋舰于20世纪30年代研制，原本是"新奥尔良"级巡洋舰计划中的舰艇，因改进较大而被重新命名。

"波特兰"级的武器装备与"新奥尔良"级一样，也是3座三联装炮塔。该级舰没有安装鱼雷发射装置，而且一直使用旧式无防御的127毫米高炮。其舰身、武器、动力都与"北安普敦"级一样，主要区别是加强了装甲，舰体也比"北安普敦"级稍重。

"波特兰"号先后参加了珊瑚海海战、中途岛海战、瓜岛海战与圣克鲁斯海战。在第一次瓜岛海战中，"波特兰"号与日军舰队进行夜战，不幸被1枚鱼雷击中而受重创，被拖船拖回珍珠港修理。

英文名称：Portland Class Cruiser

研制国家：美国

生产数量：2艘

服役时间：1932～1945年

主要用户：美国海军

Warships

★★★

基本参数

标准排水量	10200吨
满载排水量	12755吨
全长	186米
全宽	20.2米
吃水	5.3米
最高航速	32.7节
续航距离	13000海里
舰员	950人
发动机功率	79800千瓦
舰载机数量	4架

“新奥尔良”级重型巡洋舰

“新奥尔良”（New Orleans）级重型巡洋舰是美国海军最后一种条约型重型巡洋舰，在1934～1947年间服役，共建造了7艘。

“新奥尔良”级是所有条约型巡洋舰中性能最优异的。该级舰修正了“北安普敦”级巡洋舰所存在的问题，主要区别是增加了重要部位的装甲厚度，能够抵挡住巡洋舰主炮的轰击。另外，弹药库被安置在吃水线以上，这样可以保障弹药库免遭水下武器攻击，但易受到大型水面舰艇的攻击。

“新奥尔良”级巡洋舰的外观与众不同，卖相出众，但在经过1942～1943年的大修后，剩余舰艇外观大幅改变。舰艇前部上层结构的桥翼被削减，所有大尺寸窗户都被覆上装甲，只留下了少数舷窗。驾驶室上方敞式桥放大1倍，向前延伸。另外，“新奥尔良”级巡洋舰还在主桅杆和舰艉添置了若干40毫米博福斯式高射炮。

英文名称：
New Orleans Class Cruiser

研制国家：美国

生产数量：7艘

服役时间：1934～1947年

主要用户：美国海军

基本参数

满载排水量	10110吨
全长	179.3米
全宽	18.8米
吃水	5.9米
最高航速	32.7节
续航距离	10000海里
舰员	708人
发动机功率	79800千瓦
舰载机数量	4架

“威奇塔”级重型巡洋舰

“威奇塔”（Wichita）级重型巡洋舰是美国在二战前建造的试验型和条约型重型巡洋舰，仅建造了1艘。和“布鲁克林”级轻型巡洋舰一样，该级舰的设计也为后续同类军舰奠定了基础。

“威奇塔”级的主炮炮塔重量轻、自动化程度高、防御性能好、空间大、射速快，比之前各级巡洋舰装备的203毫米炮塔更好。副炮方面，安装了两种：一种是4座单联装全封闭127毫米炮塔；另一种是美国巡洋舰标准副炮，安装了4座单联装无装甲保护的127毫米炮塔，能够高平两用，主要缺点是射速慢。水上飞机弹射区和飞机机库移到舰艉，机库被安装在受装甲保护的舰体里。鱼雷发射器被取消。

英文名称： Wichita Class Cruiser
研制国家： 美国
生产数量： 1艘
服役时间： 1939～1959年
主要用户： 美国海军

基本参数

标准排水量	10589吨
满载排水量	13223吨
全长	182.88米
全宽	16.1米
吃水	7.24米
最高航速	33.6节
续航距离	8500海里
舰员	929人
发动机功率	74570千瓦
舰载机数量	4架

“巴尔的摩”级重型巡洋舰

“巴尔的摩”（Baltimore）级巡洋舰是美国海军在二战中所设计的重型巡洋舰，由于战争初期美国海军急需轻型巡洋舰，所以该级的建造被延后至20世纪40年代。

受益于其庞大的舰体和充足的火力，“巴尔的摩”级的防空能力仅次于快速战列舰，因此本级舰服役后，多半用于快速航母舰队的护航。“巴尔的摩”级装备有3门三联装203毫米主炮，并安装了服役不久的双联装127毫米副炮和无线电近爆引信炮弹。

“巴尔的摩”级完工后大都服役于太平洋战场，参加了二战后期的大部分战役。14艘同级舰中仅“堪培拉”号在1945年的海战中因被一枚鱼雷击中而遭到损坏。其中“昆西”号大多被部署在欧洲海域，参加了支援法国北部和南部的登陆，并承担了运送富兰克林·罗斯福总统前往欧洲参加两次重要会议的任务。二战后，该级舰大多于20世纪50年代退役，少数服役到70年代。

英文名称：
Baltimore Class Cruiser

研制国家：美国

生产数量：14艘

服役时间：1943～1971年

主要用户：美国海军

Warships

★★★

基本参数

满载排水量	17000吨
全长	205.26米
全宽	21.59米
吃水	8.18米
最高航速	33节
续航距离	10000海里
舰员	1146人
发动机功率	89484千瓦
舰载机数量	4架

“俄勒冈”级重型巡洋舰

“俄勒冈”（Oregon City）级巡洋舰是美国海军在20世纪40年代建造的一款重型巡洋舰。虽然最初美国海军计划建造10艘这种巡洋舰，但仅有4艘完工。

“俄勒冈”级的标准排水量为13660吨，四轴推进，最大航速32.4节。主炮为3门三联装203毫米炮，副炮为6门双联装Mk 12型127毫米38倍口径高平两用炮。在舰体设计上，“俄勒冈”级沿用了“巴尔的摩”级的设计，两者极为相似，但“俄勒冈”级的设计更为紧凑，去掉了后烟囱。

“俄勒冈”级巡洋舰的首舰“俄勒冈”号于1946年2月16日开始服役，二号舰“奥尔巴尼”号于同年6月15日开始服役。20世纪60年代，“奥尔巴尼”号被改装成导弹巡洋舰。三号舰“罗契斯特”号和四号舰“北安普敦”号分别于1946年12月和1953年3月开始服役。

英文名称：
Oregon City Class Cruiser

研制国家： 美国

生产数量： 4艘

服役时间： 1946～1970年

主要用户： 美国海军

Warships

基本参数

满载排水量	16500吨
全长	205.3米
全宽	21.6米
吃水	8米
最高航速	32.4节
续航距离	10000海里
舰员	1142人
发动机功率	89000千瓦
舰载机数量	4架

“德梅因”级重型巡洋舰

“德梅因”（Des Moines）级巡洋舰是美国最后一级重型巡洋舰，共建造了3艘，于1948～1975年间服役，有着极强的火力。

在舰体设计上，“德梅因”级更多地沿用了“巴尔的摩”级的设计，但设计更为紧凑，去掉了后烟囱。根据美军在太平洋海战的经验，“德梅因”级强调了防空和主炮火力，在主甲板上又铺设了一层防触发引信的新甲板，扩大了弹药舱的容量，使得最终标准排水量达到19993吨，满载排水量达到21268吨。动力装置方面，“德梅因”级采用2台通用电气公司的涡轮机和4台威尔考克斯公司的锅炉，四轴推进。

英文名称：
Des Moines Class Cruiser

研制国家：美国

生产数量：3艘

服役时间：1948～1975年

主要用户：美国海军

基本参数

满载排水量	21268吨
全长	218.4米
全宽	23.3米
吃水	6.7米
最高航速	33节
续航距离	10500海里
舰员	1799人
发动机功率	89000千瓦
舰载机数量	4架

“阿拉斯加”级大型巡洋舰

“阿拉斯加”（Alaska）级巡洋舰是美国在二战后期建造的大型巡洋舰，共建造了2艘，在太平洋战争中主要充当巡洋舰队的旗舰，伴随航空母舰作战，最后于1947年退役。

“阿拉斯加”级是战列舰和重巡洋舰的混合体，采用了平甲板舰型和球鼻艏，中甲板为强力甲板，具有战列舰式的指挥塔，而水上飞机机库位置却还是巡洋舰式样的。

“阿拉斯加”级装备了3座三联装304.8毫米Mk 8型主炮塔，前二后一呈背负状布局。1939年11月美国海军军械局制定新的舰炮弹重标准，要求增加火炮威力。Mk 8型304.8毫米舰炮应运而生，它是“衣阿华”级装备的著名的Mk 7型406毫米火炮的缩小型，两者的炮身结构和身管倍径完全一样。穿甲弹重517千克，在9140米和18300米距离上分别可以击穿463毫米和323毫米厚的垂直装甲板。每座炮塔重940吨，回旋动力装置是1台150马力电动液压泵；各炮高低机由1台35马力电机驱动独立俯仰。

英文名称： Alaska Class Cruiser

研制国家： 美国

生产数量： 2艘

服役时间： 1944 ~ 1947年

主要用户： 美国海军

基本参数

满载排水量	34253吨
全长	246.3米
全宽	27.6米
吃水	9.2米
最高航速	33节
续航距离	11350海里
舰员	1517人
发动机功率	111855千瓦
舰载机数量	4架

“长滩”级导弹巡洋舰

“长滩”（Long Beach）级巡洋舰是美国在20世纪60年代建造的导弹巡洋舰，是世界上第一艘核动力水面战斗军舰。

“长滩”级巡洋舰的武器原以防空为主，以RIM-2中程防空导弹和RIM-8远程防空导弹为主干，其他有反潜导弹、反潜鱼雷、舰炮等，现代化改装后加装“密集阵”系统、“战斧”巡航导弹、“鱼叉”反舰导弹，使火力更加充足，可应付目标更多元。动力系统采用2座压水反应炉、2台大型蒸汽涡轮发动机，由双轴双舵推进。

英文名称：
Long Beach Class Cruiser

研制国家：美国

生产数量：1艘

服役时间：1961～1995年

主要用户：美国海军

基本参数

满载排水量	15540吨
全长	219.84米
全宽	21.79米
吃水	9.32米
最高航速	30节
续航距离	接近无限
舰员	1160人
发动机功率	59656千瓦

"班布里奇"级导弹巡洋舰

"班布里奇"（Bainbridge）级巡洋舰是美国20世纪60年代建造的导弹巡洋舰，是继"长滩"级巡洋舰、"企业"级航空母舰后的第三艘核动力水面军舰。

"班布里奇"级导弹巡洋舰核反应堆在全功率下可连续航行半年以上，降低了对后勤保障的依赖，在核生化等大规模杀伤武器攻击的条件下，整个舰体可处于封闭状态。同时无烟害，减少了对电子设备的腐蚀。艏、中部干舷较高，减小了在风浪中航行时甲板的浸湿性；舰艏尖如刀刃，艏柱在水线附近呈锐削状，艏部水线以下装有球鼻艏声呐的导流罩，球鼻艏与舰体结合成一个整体。这种结构对减小波浪冲击、减小船体纵摇和振动都是十分有利的。该舰还配有较为齐全的舰空、反潜和反舰导弹系统，例如标准 ER 舰空导弹、鱼叉反舰导弹以及"阿斯洛克"反潜导弹等。

英文名称：
Bainbridge Class Cruiser

研制国家：美国

生产数量：1艘

服役时间：1962～1996年

主要用户：美国海军

基本参数

满载排水量	8592吨
全长	172.3米
全宽	17.6米
吃水	7.7米
最高航速	30节
续航距离	接近无限
舰员	475人
发动机功率	44130千瓦

“贝尔纳普”级导弹巡洋舰

“贝尔纳普”（Belknap）级巡洋舰是美国于20世纪60年代建造的导弹巡洋舰。首舰“贝尔纳普”号曾于1975年11月与“肯尼迪”号航空母舰相撞，舰体严重受损，后经过大规模的修理与改装，于1980年5月重新服役。

“贝尔纳普”级的电子设备性能十分先进，有多部对空、对海雷达及电子战系统等。此外，舰上还搭载有1架“拉姆普斯”反潜直升机。“贝尔纳普”级的武器精良，共有2座四联装“鱼叉”导弹发射架、1座双联Mk 10型导弹发射架、2座“密集阵”近程武器系统、1门127毫米舰炮，以及箔条式干扰火箭发射器。

英文名称：Belknap Class Cruiser

研制国家：美国

生产数量：9艘

服役时间：1964 ~ 1995年

主要用户：美国海军

Warships

★★★

基本参数

满载排水量	7930吨
全长	167米
全宽	17米
吃水	8.8米
最高航速	32节
续航距离	7100海里
舰员	477人
发动机功率	63385千瓦
舰载机数量	1架

“特拉克斯顿”级导弹巡洋舰

“特拉克斯顿”（Truxtun）级巡洋舰是美国于20世纪60年代建造的导弹巡洋舰，同级仅造一艘。

总体布局上，“特拉克斯顿” 级和“贝尔普纳”级相同。不同的是，“特拉克斯顿”级巡洋舰采用Mk 10型发射装置，可发射舰空导弹和反潜导弹，做到了一架两用，并取消了76毫米舰炮，取而代之的是“鱼叉”反舰导弹发射架。全舰主战火炮只有前甲板一门127毫米单管舰炮。

“特拉克斯顿”级巡洋舰岛式建筑分为艏、艉两部分，艏部低桅位于后部，网架结构，略前倾。艉部低桅位于前部，网架形直立。前后均采用网架结构低桅的只有此级舰。全舰只有前甲板1门127毫米单管舰炮，舰体后部干舷降低。

英文名称：Truxtun Class Cruiser

研制国家：美国

生产数量：1艘

服役时间：1967 ~ 1995年

主要用户：美国海军

Warships

★★★

基本参数

满载排水量	8659吨
全长	172米
全宽	18米
吃水	9.3米
最高航速	31节
续航距离	接近无限
舰员	492人
发动机功率	65814千瓦
舰载机数量	1架

“加利福尼亚”级导弹巡洋舰

“加利福尼亚”（California）级巡洋舰是美国于20世纪70年代建造的一级导弹巡洋舰。

“加利福尼亚”级为通长甲板，末端微翘，凹式方艉，高干舷。上层建筑分艏、艉两部分，彼此很近，中间由一甲板室连接，艏部上层建筑中设有甲板室、指挥室和主要控制、操纵舱室。艏、艉上层建筑顶板上均有一锥形低桅，装有雷达、电子对抗设备和通信设备天线。艏上层建筑为长方形，横向伸延，直至舷墙；艉上层建筑也是长方形，上面建有若干多层甲板室。

“加利福尼亚”级反舰武器安装有2座四联装“捕鲸叉”反舰导弹发射装置，主炮为2座Mk 45-0型127毫米炮，反舰射程23千米，对空射程15千米。防空武器安装有两座Mk 13-7型导弹发射装置，用于发射“标准”SM-2MR导弹。

英文名称：
California Class Cruiser

研制国家：美国

生产数量：2艘

服役时间：1974～1999年

主要用户：美国海军

Warships

★★★

基本参数

满载排水量	10800吨
全长	179米
全宽	19米
吃水	9.6米
最高航速	30节
续航距离	接近无限
舰员	584人
发动机功率	52199千瓦

“弗吉尼亚”级导弹巡洋舰

“弗吉尼亚”（Virginia）级巡洋舰是美国于20世纪70年代建造的核动力导弹巡洋舰，共建造了4艘，其主要任务是与核动力航空母舰一起组成强大的编队，为航空母舰编队提供远程防空、反潜和反舰保护。

“弗吉尼亚”级巡洋舰为高干舷平甲板型，全舰呈细长形状，舰艏部也较长，艉部则为凸式方艉。它的上层建筑分为艏、艉两部分，中间由一甲板室相连。艏部为桥楼甲板，上方为一锥形塔桅，内有电子设备。舰桥设在舰长室前面，靠近作战情报指挥中心，便于舰长由其住舱直达舰桥。舰艉部末端为直升机飞行甲板，甲板下方舰体内建有机库。机库采用套筒式机库盖，是美国海军战后第一艘采用舰体机库的巡洋舰。

英文名称：Virginia Class Cruiser
研制国家：美国
生产数量：4艘
服役时间：1976 ~ 1998年
主要用户：美国海军

基本参数

满载排水量	11300吨
全长	178.3米
全宽	19.2米
吃水	9.6米
最高航速	30节
续航距离	接近无限
舰员	500人
发动机功率	74570千瓦
舰载机数量	2架

“提康德罗加”级导弹巡洋舰

“提康德罗加”（Ticonderoga）级巡洋舰是美国20世纪80年代研制的第一种配备“宙斯盾”系统的作战舰船，同级共建造27艘。

在美国海军的作战编制上，“提康德罗加”级是航空母舰战斗群与两栖攻击战斗群的主要指挥中心，以及为航空母舰提供保护的巡洋舰。身为航空母舰战斗群头号护卫兵力，配备“宙斯盾”系统的“提康德罗加”级有着极佳的防护战力，使得航空母舰战斗群有充足的力量抵抗来自水面、空中、水下的导弹攻击。

英文名称：

Ticonderoga Class Cruiser

研制国家：美国

生产数量：27艘

服役时间：1983年至今

主要用户：美国海军

Warships

基本参数

满载排水量	9800吨
全长	173米
全宽	16.8米
吃水	10.2米
最高航速	32.5节
续航距离	6000海里
舰员	387人
发动机功率	60000千瓦
舰载机数量	2架

“内华达”级战列舰

“内华达”（Nevada）级战列舰一号舰“内华达”号于1912年12月开工，1914年7月下水，1916年3月服役。二号舰“俄克拉荷马”号于1912年10月开工，1914年3月下水，1916年5月服役。1930年两舰进行中期改装，加宽舰体增加浮力和改善对鱼水雷的防护能力，彻底改造舰桥和前后主桅。改装三脚主桅并增设桅楼。

1941年12月7日日本海军偷袭珍珠港，“俄克拉荷马”号至少承受了5枚鱼雷和数枚小型炸弹的攻击，致使该舰倾覆沉没。而“内华达”号是港中唯一得以开动的战列舰，企图驶出港口，在日军第二波进攻中成为主要目标。为避免在港口出口沉没抢滩搁浅，之后美军在西海岸对其进行现代化改装，改建上层建筑，撤去全部旧式副炮，改装高平双用炮。战争中“内华达”号往来于太平洋和欧洲战区之间，参加了诺曼底战役、硫磺岛战役和冲绳岛战役。战争结束后，“内华达”号于1948年7月作为靶船被击沉。

英文名称：
Nevada Class Battleship

研制国家：美国

生产数量：2艘

服役时间：1916～1948年

主要用户：美国海军

Warships

基本参数	
满载排水量	27500吨
全长	177.7米
全宽	26.1米
吃水	8.7米
最高航速	20.5节
续航距离	5120海里
舰员	2220人
发动机功率	23500千瓦
舰载机数量	2架、3架

“宾夕法尼亚”级战列舰

“宾夕法尼亚”（Pennsylvania）级战列舰是“内华达”级战列舰的改进型，于1916～1946年间服役。

“宾夕法尼亚”级战列舰采用4门三联装356毫米主炮，4座炮塔沿舰体纵向中心线呈背负式前后各布置2座。副炮包括22门127毫米炮、40门40毫米高射炮、49门20毫米高射炮。它还更新了动力系统，全面采用蒸汽轮机，是美国海军首批全部以燃油为燃料的战列舰。

“宾夕法尼亚”级战列舰共有两艘同级舰，一艘为“宾夕法尼亚”号，另一艘为“亚利桑纳”号。“宾夕法尼亚”号于1913年10月开工，1915年3月下水，1916年6月开始服役。“亚利桑纳”号于1914年3月开工，1915年6月下水，1916年10月服役。

英文名称：Pennsylvania Class Battleship

研制国家：美国

生产数量：2艘

服役时间：1916～1946年

主要用户：美国海军

Warships

基本参数

满载排水量	40605吨
全长	185.3米
全宽	29.6米
吃水	10.2米
最高航速	21节
续航距离	6070海里
舰员	1300人
发动机功率	26250千瓦

“新墨西哥”级战列舰

“新墨西哥”（New Mexico）级战列舰是美国海军于20世纪初建造的战列舰，共建造了3艘。

“新墨西哥”级采用新设计的“飞剪”形舰艏，以提高在恶劣海况中行驶时的稳定性，这种舰艏成为美国海军后继主力舰的一种特征。其主炮口径与“宾夕法尼亚”级相同，采用50倍口径身管，射程也相应增加。副炮安装在露天甲板以上。增加水平甲板的装甲防护和内部防护。在20世纪30年代的现代化改装中，“新墨西哥”级拆除了笼式主桅，改装塔式舰桥，并拆除部分副炮，在甲板之上加装单装防空火炮。

英文名称：
New Mexico Class Battleship
研制国家：美国
生产数量：3艘
服役时间：1917～1956年
主要用户：美国海军

Warships
★★★

基本参数

满载排水量	40181吨
全长	190米
全宽	29.7米
吃水	9米
最高航速	21节
续航距离	8000海里
舰员	1084人
发动机功率	32810千瓦
舰载机数量	3架

“田纳西”级战列舰

“田纳西”（Tennessee）级战列舰是“新墨西哥”级战列舰的改进型，于1920～1947年间服役，共建造了2艘。

“田纳西”级采用了新式的龙骨设计，鉴于日德兰海战的经验，其舰体水下防护比过去的旧型战列舰有很大改进，内部划分多层隔舱，并加强了水平甲板防护。该级舰的356毫米主炮以及副炮均装有火控系统，在其前后主桅上加装大型桅楼以安装火力控制设施。其主炮可以上仰到30度，而以往只能达到15度，这使其射程增加了9千米，并且可以由配备的水上飞机来测定落点。

英文名称：
Tennessee Class Battleship

研制国家：美国

生产数量：2艘

服役时间：1920～1947年

主要用户：美国海军

Warships

★★★

基本参数

满载排水量	40950吨
全长	190米
全宽	35米
吃水	9.2米
最高航速	21节
续航距离	8000海里
舰员	1407人
发动机功率	23040千瓦

“科罗拉多”级战列舰

“科罗拉多”（Colorado）级战列舰是“田纳西”级战列舰的改进型，于1921～1947年间服役，共建造了3艘。

“科罗拉多”级继承了当时美国战列舰的标准风格：“飞剪”形舰艏、笼式主桅、副炮安装在艏楼甲板上、采用电气推进的动力系统。该级舰的主炮为8门双联装406毫米主炮。由于火力加强，防御也相应加强来抵御敌方相同口径炮弹的攻击。其余各方面均与“田纳西”级战列舰相似。“科罗拉多”级建成后均在太平洋舰队服役，是二战前美国最强大的战列舰。该级舰在20世纪30年代进行了现代化改装，加强防空火力并加装5英寸高炮。

英文名称：
Colorado Class Battleship
研制国家：美国
生产数量：3艘
服役时间：1921～1947年
主要用户：美国海军

基本参数

满载排水量	38400吨
全长	190.3米
全宽	29.7米
吃水	12米
最高航速	21节
续航距离	8000海里
舰员	1080人
发动机功率	21550千瓦

“北卡罗来纳”级战列舰

“北卡罗来纳”（North Carolina）级战列舰是美国海军于20世纪30年代末建造的第一型快速战列舰，共建造了2艘。

“北卡罗来纳”级战列舰安装了3门三联装406毫米主炮，并配有当时较为先进的火控雷达，主炮命中率较高。副炮采用的是高平两用炮，为10门双联装127毫米舰炮，其中6门安装在主甲板上，4门设在上层建筑甲板上。另外，还有4门四联装28毫米高射炮和12挺12.7毫米机枪。该级舰还装有2台水上飞机弹射器，可携带3架舰载机。

太平洋战争爆发后，1942年“北卡罗来纳”级两舰相继加入美国海军太平洋舰队。1942年8月美军在瓜达尔卡纳尔岛登陆，“北卡罗来纳”号成为当时为美国快速航空母舰舰队护航的唯一一艘战列舰。

英文名称：North Carolina Class Battleship

研制国家：美国

生产数量：2艘

服役时间：1941~1947年

主要用户：美国海军

Warships

★★★

基本参数

满载排水量	44800吨
全长	222.1米
全宽	33米
吃水	10.8米
最高航速	28节
续航距离	16320海里
舰员	1880人
发动机功率	90230千瓦
舰载机数量	3架

▲ “北卡罗来纳”级战列舰的主炮侧面特写

▼ “北卡罗来纳”级战列舰主炮正面特写

“南达科他”级战列舰

“南达科他”（South Dakota）级战列舰是美国海军于20世纪40年代在“北卡罗来纳”级基础上改进而成的一种条约型战列舰，共建造了4艘。

在设计时，“南达科他”级被要求吨位和火力在“北卡罗来纳”级的基础上不变，但需要加强防护能力。该级舰的舰宽与“北卡罗来纳”级相同，但是水线长度减少，被公认为攻防平衡的条约型战列舰。“南达科他”级的主炮为3门三联装406毫米火炮，此外还装有10门双联装127毫米口径高平两用炮、18门四联装40毫米博福斯高射炮和35门20毫米高射炮。

1947年“南达科他”级舰开始陆续退役，1962～1965年相继报废处理。1965年，“马萨诸塞”号成为马萨诸塞州的一个纪念馆开始对公众开放。1965年1月9日，“亚拉巴马”号也作为博物馆予以保留。

英文名称：
South Dakota Class Battleship

研制国家：美国

生产数量：4艘

服役时间：1942～1947年

主要用户：美国海军

Warships

★★★

基本参数

满载排水量	44519吨
全长	210米
全宽	33米
吃水	10.5米
最高航速	27节
续航距离	17000海里
舰员	1793人
发动机功率	95615千瓦
舰载机数量	2架

“艾奥瓦”级战列舰

“艾奥瓦”（Iowa）级战列舰是美国实际建造的最后一级战列舰，于1943～1992年间服役，共建造了4艘。

“艾奥瓦”级的主炮为3门三联装406毫米舰炮，使用的弹药为Mk 8穿甲弹、Mk 13高爆弹和Mk 23核弹三种。除主炮之外，“艾奥瓦”级还装有10门双联装127毫米口径舰炮、15门四联装40毫米高射炮、60门20毫米高射炮等，另外还能携带数架水上飞机。在经过现代化改装之后，该级舰的武器装备变更为3门三联装406毫米主炮、6门双联装Mk 12 127毫米舰炮和4座“密集阵”近程武器防御系统，备有32枚BGM-109“战斧”巡航导弹和16枚RGM-84“鱼叉”反舰导弹，原本的水上飞机则改为直升机和无人机。

英文名称：Iowa Class Battleship
研制国家：美国
生产数量：4艘
服役时间：1943～1992年
主要用户：美国海军

Warships ★★★

基本参数

满载排水量	58000吨
全长	270米
全宽	33米
吃水	11米
最高航速	31节
续航距离	13000海里
舰员	2700人
发动机功率	158090
舰载机数量	3架

“桑加蒙”级护航航空母舰

“桑加蒙”（Sangamon）级航空母舰是美国在二战中建造的护航航空母舰，于1942～1959年间服役。它参加了盟军在北非的登陆作战，从而开创了护航航空母舰作为舰队航空母舰使用的先例。

从1942年到二战结束，“桑加蒙”级曾在地中海、大西洋和太平洋战场现身。3艘该级航空母舰在莱特湾战役中遭到了日本“神风”特攻队的攻击，但全部存活了下来。在太平洋战场，“桑加蒙”级常常以第22航母分队之名集体行动。二战结束后不久，“桑加蒙”级就退出了现役。

英文名称：

Sangamon Class Aircraft Carrier

研制国家：美国

生产数量：4艘

服役时间：1942～1959年

主要用户：美国海军

基本参数

满载排水量	24275吨
全长	168.7米
全宽	34.8米
吃水	9.8米
最高航速	18节
续航距离	23900海里
舰员	1080人
发动机功率	10067千瓦
舰载机数量	34架

“卡萨布兰卡”级护航航空母舰

“卡萨布兰卡”（Casablanca）级航空母舰是美国在二战中建造的护航航空母舰，共建造了50艘，除护航外，它还时常担负运输任务。

“卡萨布兰卡”级是美国最著名的一级护航航空母舰，不但在建造数量上远超其他几级，在战争中的表现也可圈可点。因航速和装甲等方面的限制，护航航空母舰一般不直接参加与日军的战斗，多担负对岸轰炸和支援任务，然而在1944年10月的莱特湾大海战中，六艘“卡萨布兰卡”级护航航母“不幸”遇到当时最强大的日本水面舰队——第一机动舰队，从而展开了一场“小狗斗大象”般的战斗。由于美军的奋战，给予日舰队重创，自身仅损失两艘护航航空母舰（“圣罗”号和“甘比尔湾”号）。

英文名称：
Casablanca Class Aircraft Carrier
研制国家：美国
制造厂商：凯泽造船厂
生产数量：50艘
服役时间：1943～1964年
主要用户：美国海军

Warships

基本参数

满载排水量	10902吨
全长	156.1米
全宽	32.9米
吃水	6.9米
最高航速	20节
续航距离	10240海里
舰员	860人
舰载机数量	27架

“兰利”级舰队航空母舰

“兰利”（Langley）级航空母舰是美国海军第一艘舰队航空母舰，于1922～1942年间服役。

“兰利”级是一艘典型的平原型航空母舰。舰体最上方是长163米、宽19.5米的全通式飞行甲板，舰桥则位于飞行甲板的右舷前部下方，舰体左舷装有两个可收放的铰链式烟囱。飞行甲板由13个单柱桁架支撑，中部装有一部升降机，下面为原来的6个煤舱中的4个改装而成的敞开式机库。飞行甲板下面，在贯通艏艉的轨道上有两台移动式吊车，把飞机从机库吊到升降机上，再由升降机提到飞行甲板。飞行甲板和飞机库房顶之间的空间用来进行飞机机务作业。

英文名称：
Langley Class Aircraft Carrier

研制国家：美国

生产数量：1艘

服役时间：1922～1942年

主要用户：美国海军

Warships

基本参数

满载排水量	13900吨
全长	163米
全宽	19.5米
吃水	5.8米
最高航速	15节
续航距离	10000海里
舰员	468人
发动机功率	4847千瓦
舰载机数量	55架

“列克星敦”级舰队航空母舰

“列克星敦”（Lexington）级航空母舰是美国海军于20世纪20年代建造的第一种大型航空母舰，在其服役期间一直是世界上最大的航空母舰，共建造了2艘。

“列克星敦”级采用封闭舰艏，单层机库，拥有两部升降机，全通式飞行甲板长271米，岛式舰桥与巨大而扁平的烟囱设在右舷。采用蒸汽轮机-电动机主机的电气推进动力系统。防护装甲与巡洋舰相当。4门双联装203毫米口径火炮分别装在上层建筑前后，用来打击水面目标。1942年8月，“萨拉托加”号的舰载机在瓜岛海域击沉日本海军“龙骧”号轻型航空母舰。太平洋战争期间，“萨拉托加”号曾遭日本潜艇和神风自杀飞机攻击三次负伤，但仍安然支撑到战争结束。1946年，“萨拉托加”号在“十字路”行动的核试验中，因为原子弹的水下爆炸威力造成舰体大量进水而沉没。

英文名称：
Lexington Class Aircraft Carrier
研制国家：美国
生产数量：2艘
服役时间：1927～1946年
主要用户：美国海军

基本参数

满载排水量	43055吨
全长	270.7米
全宽	32.3米
吃水	9.3米
最高航速	33.3节
续航距离	10000海里
舰员	2791人
发动机功率	134226千瓦
舰载机数量	91架

“游骑兵”级舰队航空母舰

“游骑兵”（Ranger）级是美国海军第一艘以航空母舰为目的而设计并制造的军舰，于1934～1946年间服役。

美国海军在设计与建造“游骑兵”级时认为吨位较小的航空母舰较为适用，但等到试航时才发现该舰的耐波性不良，飞机在气候条件较差时起降较为危险。另外，“游骑兵”号的甲板过窄、航速太慢，鱼雷轰炸机在航空母舰上的操作存在诸多限制，尤其在没有足够的风势帮助下，携带鱼雷的轰炸机几乎无法起飞。

英文名称：
Ranger Class Aircraft Carrier

研制国家：美国

生产数量：1艘

服役时间：1934～1946年

主要用户：美国海军

基本参数

满载排水量	17577吨
全长	222.5米
全宽	24.4米
吃水	6.8米
最高航速	29节
续航距离	10000海里
舰员	2148人
发动机功率	39900千瓦
舰载机数量	76架

“约克城”级舰队航空母舰

“约克城”（Yorktown）级航空母舰由美国于20世纪30年代建造，共建造了3艘，在太平洋战争初期是美国海军的中流砥柱。

“约克城”级服役于二战前夕，首两舰“约克城”号及“企业”号曾参与舰队解难演习。战争爆发后，“约克城”号调往大西洋作中立巡航，“企业”号留在太平洋舰队，“大黄蜂”号则赶工建造。珍珠港事件时“企业”号侥幸避过一劫，而三舰在1942年初均调到太平洋。太平洋战争初期，三舰分别参与了马绍尔及吉尔伯特群岛突袭、珊瑚海海战及空袭东京。而三舰唯一一次同场作战，是在同年关键性的中途岛海战，其中“约克城”号因战损沉没。瓜岛战役开始后，“企业”号与“大黄蜂”号活跃于西南太平洋战区，其中“大黄蜂”号在圣克鲁斯海战沉没，使“企业”号一度成为该区仅有的美军航空母舰。随着“埃塞克斯”级陆续服役，“企业”号在1943年返国维修，后参与了绝大部分的美军反攻战役，使之成为二战中受勋最多的美国军舰。

英文名称：
Yorktown Class Aircraft Carrier

研制国家：美国

生产数量：3艘

服役时间：1937～1947年

主要用户：美国海军

Warships

★★★

基本参数

满载排水量	25600吨
全长	230米
全宽	25.37米
吃水	7.91米
最高航速	32.5节
续航距离	12000海里
舰员	2217人
发动机功率	89484千瓦
舰载机数量	97架

“胡蜂”级舰队航空母舰

“胡蜂”（Wasp）号是“胡蜂”级航空母舰的一号舰，也是仅有的一艘，于1940～1942年间服役。

“胡蜂”号的设备重量大幅减轻，连引擎也被大幅削弱，发动机功率仅有52000千瓦，远小于“约克城”级的89484千瓦。同时，“胡蜂”号基本上没有安装有效装甲，尤其是对鱼雷的防御能力极为薄弱，后期追加的装甲也无法补救这个致命缺陷。火炮方面，“胡蜂”号分别安装了8门单管127毫米炮、4门四联装27.9毫米炮及24挺12.7毫米机枪。

英文名称：
Wasp Class Aircraft Carrier

研制国家：美国

生产数量：1艘

服役时间：1940～1942年

主要用户：美国海军

基本参数

满载排水量	19423吨
全长	226米
全宽	33米
吃水	6.1米
最高航速	29.5节
续航距离	12000海里
舰员	2167人
发动机功率	52000千瓦
舰载机数量	90架

“埃塞克斯”级舰队航空母舰

“埃塞克斯”（Essex）级航空母舰是美国历史上建造数量最多的大型航空母舰，共建造了24艘，于1942～1991年间服役。

“埃塞克斯”级航空母舰吸取了先前各级航空母舰的优点，舰型为“约克城”级的扩大改进型。舰体长宽比为8：1，标准排水量为27500吨。在飞行甲板前部和中后部设有升降机，另在甲板左侧舷有一部可垂直拆迭的升降机，使其可以通过巴拿马运河。拦阻系统在舰艉与舰艏各设有一组拦阻索，能阻拦降落重量达5.4吨的舰载机。“埃塞克斯”级航空母舰的防护较“约克城”级有了改进，水下、水平防护和对空火力都有所加强。舰体分隔为更多的水密舱室，这种结构使该级舰中的某些舰只在战争中虽屡遭重创，但没有一艘被击沉。舰上有127毫米高炮12门，但只有2部Mk 37型指挥仪，这表明仅有部分武器可用雷达控制。

英文名称：
Essex Class Aircraft Carrier
研制国家：美国
生产数量：24艘
服役时间：1942～1991年
主要用户：美国海军

Warships

基 本 参 数

满载排水量	36380吨
全长	250米
全宽	28米
吃水	8.66米
最高航速	33节
续航距离	15440海里
舰员	2631人
发动机功率	115000千瓦
舰载机数量	103架

“独立”级舰队航空母舰

“独立”（Independence）级航空母舰是美国在二战时期建造的轻型航空母舰，于1943~1970年间服役。

“独立”级航空母舰原计划搭载战斗机、俯冲轰炸机与鱼雷轰炸机各9架，但到1944年时的标准飞行大队编制为25架战斗机与9架鱼雷轰炸机。这些轻型航空母舰对美军在1943年11月~1945年8月之间的作战有相当重要的贡献。二战后，“独立”级航空母舰中的两艘根据《租借法案》租借给了法国海军，一艘卖给了西班牙，帮助其重建海军。西班牙海军于20世纪40年代末对该级进行了改造，主要是加强了飞行甲板、升降机，并改进了电子设备。

英文名称：
Independence Class Aircraft Carrier

研制国家： 美国

制造厂商： 纽约造船厂

生产数量： 9艘

服役时间： 1943~1970年

主要用户： 美国海军

Warships

★★★

基本参数

满载排水量	11000吨
全长	190米
全宽	33.3米
吃水	7.9米
最高航速	31.5节
续航距离	12500海里
舰员	1569人
发动机功率	74570千瓦
舰载机数量	45架

“中途岛”级舰队航空母舰

“中途岛”（Midway）级航空母舰在20世纪40年代被建造出来，共建造了3艘，在美国海军数个历史时期服役，是美国第一艘以岛名命名的军舰，以纪念中途岛海战。

1946年3月1日，“中途岛”级离开母港诺福克海军基地，前往北大西洋，参与“霜冻行动”演习，以测试母舰在严寒天气下的执勤效率。6日起，“中途岛”级开始在拉布拉多海峡及戴维斯海峡演习，由于海面经常刮起狂风大浪，其连接舰侧升降台的机库门口在13日受损。因寒冷天气，所以该级飞行甲板经常出现积雪，而飞机也需更多时间预热发动机才可起飞。演习期间，美海军一共损失了3架飞机与1名飞行员。

英文名称：
Midway Class Aircraft Carrier
研制国家：美国
生产数量：3艘
服役时间：1945～1992年
主要用户：美国海军

Warships

★★★

基本参数

满载排水量	45000吨
全长	295米
全宽	37米
吃水	10米
最高航速	33节
续航距离	15000海里
舰载机容量	55架
舰员	4104人
发动机功率	158000千瓦
舰载机数量	137架

“塞班岛”级舰队航空母舰

“塞班岛”（Saipan）级航空母舰是美国在二战期间建造的轻型航母，于1946～1970年间服役，共建造了2艘，其外形酷似“独立”级航空母舰，但排水量稍大。

“塞班岛”级舰作为舰队航空母舰仅仅服役了很短时间，分别是“塞班”号（1948～1954年），和“莱特”号（1947～1956年）。作为航空母舰，它们在20世纪50年代喷气式飞机出现之后迅速过时，因为喷气式飞机需要占用比以往飞机更多的空间。在此大环境下，大得多的“艾塞克斯”级航空母舰在搭载喷气式飞机时都逐渐被认为过于狭小，“塞班”级更是被认定不适合未来航空母舰作战的需要。50年代末期，该级舰不再搭载飞机。“塞班”号被改造成为通信中继船，而“莱特”号被改装成为指挥舰。改装过后的两舰于70年代退役，80年代被拆解。

英文名称：
Saipan Class Aircraft Carrier

研制国家： 美国

制造厂商： 纽约造船厂

生产数量： 2艘

服役时间： 1946～1970年

主要用户： 美国海军

基本参数

满载排水量	19000吨
全长	208.7米
全宽	35米
吃水	8.5米
最高航速	33节
续航距离	12000海里
舰员	1700人
发动机功率	89484千瓦
舰载机数量	42架

"福莱斯特"级舰队航空母舰

"福莱斯特"（Forrestal）级航空母舰是美国海军在二战结束后首批为配合喷气式飞机的诞生而建造的航空母舰，共建造了4艘，于1955～1998年间服役。

"福莱斯特"级装有斜向飞行甲板，舰艏甲板与斜向飞行甲板最前段设有4具蒸汽弹射器，配合4座设在船侧的升降机，这些都是之后的美国航空母舰一直沿用的标准设计。该级的满载排水量比前一代的"中途岛"级足足增加了25%，因此被视为是跨越了一个崭新的舰船尺码门槛，被认为是世界上第一个真正付诸生产的超级航空母舰级别。

"福莱斯特"号于1998年退役，并于2013年拆解出售给一家金属回收公司。

英文名称：
Forrestal Class Aircraft Carrier
研制国家：美国
生产数量：4艘
服役时间：1955～1998年
主要用户：美国海军

基本参数

满载排水量	81101吨
全长	300米
全宽	39.42米
吃水	11米
最高航速	33节
续航距离	8000海里
舰员	5540人
发动机功率	194000千瓦
舰载机数量	70架

“小鹰”级舰队航空母舰

“小鹰”（Kitty Hawk）级航空母舰是目前美国建造的最后一级常规动力航空母舰，也是世界上最大的常规动力航空母舰，共建造了4艘，于1961~2009年间服役。

“小鹰”级由4台蒸汽轮发动机驱动，总计28万马力，最高航速可达33节，在航速30节时续航距离为4000海里，在航速20节时续航距离可达12000海里。舰上的电力系统可提供14000千瓦的电力，燃油储量为7800吨，航空汽油储量为5800吨。

与“福莱斯特”级相比，“小鹰”级优化了舰艇的整体结构：它的上层建筑较小，且位置更靠近艉部，致使动力装置后移，轴系缩短，视库面积增大。对舰上的升降机位置也做了重新布局，4台升降机布局合理。“小鹰”级航空母舰可储备7800吨舰用燃油、6000吨航空燃油和1800吨航空武器弹药，改进后的燃油和弹药储备量均明显增加，具有一个星期的持续作战能力。

英文名称：
Kitty Hawk Class Aircraft Carrier
研制国家：美国
生产数量：4艘
服役时间：1961~2009年
主要用户：美国海军

基本参数

满载排水量	83301吨
全长	325.8米
全宽	40米
吃水	12米
最高航速	33节
续航距离	10428海里
舰员	5624人
发动机功率	208796千瓦
舰载机数量	80架

“企业”级舰队航空母舰

“企业”（Enterprise）级航空母舰是美国建造的世界上第一艘核动力航空母舰，于1961～2012年间服役，它的问世使航空母舰的发展进入了新纪元。

“企业”级采用了封闭式飞行甲板，从舰底至飞行甲板形成整体箱形结构。飞行甲板为强力甲板，厚达50毫米，并在关键部位加装装甲。水下部分的舷侧装甲厚达150毫米，并设有多层防雷隔舱。该舰的斜直两段甲板上分别设有2具C-13蒸汽弹射器，斜角甲板上设有4条MK-7拦阻索和1道拦阻网，升降机为右舷3座，左舷1座。

“企业”号在美国海军服役51年，是海军在役最长的航空母舰。“企业”号在2012年12月1日举行退役仪式。由于移除核反应堆时必须先拆解大面积舰体，再加上保留舰岛的成本过高，故此海军将会把“企业”号全舰拆解，而不保留作博物馆舰。

英文名称：
Enterprise Class Aircraft Carrier
研制国家：美国
制造厂商：
纽波特纽斯造船及船坞公司
生产数量：1艘
服役时间：1961～2012年
主要用户：美国海军

Warships

基本参数

满载排水量	94781吨
全长	342米
全宽	40.5米
吃水	12米
最高航速	33节
续航距离	30万海里
舰员	3215人
航空人员	2480名
发动机功率	209000千瓦
舰载机数量	96架

“尼米兹”级舰队航空母舰

“尼米兹”（Nimitz）级航空母舰是美国海军装备的第二代核动力多用途航空母舰，共建造了10艘，从1975年服役至今，能够搭载多种不同用途的舰载机对敌方飞机、船只、潜艇和陆地目标发动攻击。

“尼米兹”级各舰都是核动力推进，装备4座升降机、4具蒸汽弹射器和4条拦阻索，可以每20秒弹射出一架作战飞机。舰载作战联队中的机型配备根据作战任务性质的不同也有所不同，可搭载不同用途的舰载飞机对敌方飞机、舰艇和陆地目标发动攻击，并保护海上舰队。以它为核心的战斗群通常由4～6艘巡洋舰、驱逐舰、潜艇和补给舰只构成。

从排水量来说，“尼米兹”级是目前世界上最大的航空母舰，满载排水量已超过10万吨。“布什”号服役后，这十艘航空母舰的总排水量几乎达到100万吨。

英文名称：
Nimitz Class Aircraft Carrier

研制国家：美国

制造厂商：
纽波特纽斯造船及船坞公司

生产数量：10艘

服役时间：1975年至今

主要用户：美国海军

Warships

基本参数

满载排水量	102000吨
全长	332米
全宽	40.8米
吃水	11.9米
最高航速	30节
续航距离	接近无限
舰员	5680人
发动机功率	194000千瓦
舰载机数量	90架

▲“尼米兹”级舰艏视角

▼“尼米兹”级侧面视角

"杰拉尔德·R·福特"级舰队航空母舰

"杰拉尔德·R·福特"（Gerald R. Ford）级航空母舰是美国正在建造中的第三代核动力航空母舰，首舰于2017年开始服役，并规划在2058年之前建造10艘同级舰，成为美国海军舰队的新骨干。

"福特"级配备了4具电磁弹射器和先进降落拦截系统（含3条拦截索和1道拦截网），比传统拦阻索和蒸汽弹射器的效率更高（由原先每天120架次增加到每天160架次），甚至能起降无人机。该级舰有2座机库、3座升降台，配合加大的飞行甲板，能够大幅提升战机出击率。改良的武器与物资操作设计，能在舰上更有效地运送、调度弹药或后勤物资，大幅提升后勤效率。"福特"级航空母舰能搭载多种舰载机，包括F-35C"闪电"Ⅱ战斗机、F/A-18E/F"超级大黄蜂"战斗/攻击机、EA-18G"咆哮者"电子作战机、E-2D"鹰眼"预警机、MH-60R/S"骑士鹰"多用途直升机、X-47B无人机等。

英文名称：
Gerald R. Ford Class Aircraft Carrier
研制国家：美国
制造厂商：
纽波特纽斯造船及船坞公司
生产数量：10艘（计划）
服役时间：2017年至今
主要用户：美国海军

Warships ★★★

基本参数

满载排水量	100000吨
全长	337米
全宽	甲板77米，舰体水线部位41米
吃水	12米
最高航速	30节
续航距离	接近无限
舰员	4539人
发动机功率	205940千瓦
舰载机数量	75架以上

“布鲁克”级护卫舰

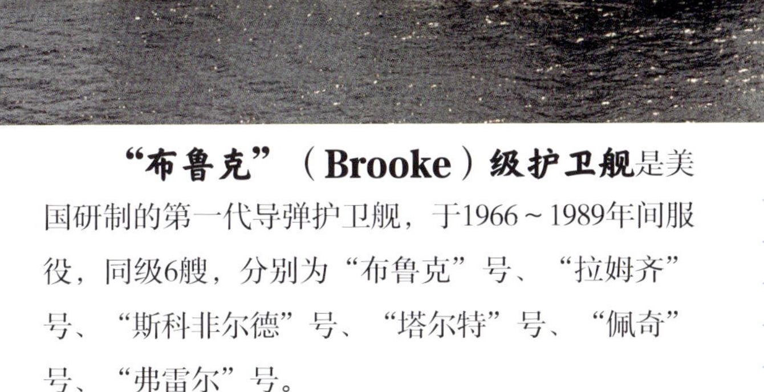

“布鲁克”（Brooke）级护卫舰是美国研制的第一代导弹护卫舰，于1966～1989年间服役，同级6艘，分别为“布鲁克”号、“拉姆齐”号、“斯科非尔德”号、“塔尔特”号、“佩奇”号、“弗雷尔”号。

“布鲁克”级配有SLQ32V电子战系统、MK36干扰火箭发射装置、OF82卫星通信设备，其动力系统由总功率26000千瓦的蒸汽轮机和锅炉等设备构成。

其他设备包括SPS52对空搜索雷达1部、SPS10对海警戒雷达1部、SPG51C导弹制导雷达1部、CRP3100导航雷达1部、SPG35炮瞄雷达1部、SQS26舰艏声呐1部、Mk 4目标指示系统1套、Mk 56（舰炮用）、Mk 74（导弹用）、Mk 114（反潜用）火控系统各1套舰上还配有SLQ32V电子战系统、Mk 36干扰火箭发射装置、OF82卫星通信设备等。

英文名称： Brooke Class Frigate

研制国家： 美国

生产数量： 6艘

服役时间： 1966～1989年

主要用户： 美国海军

Warships

基本参数

满载排水量	3426吨
全长	126米
全宽	13米
吃水	7.3米
最高航速	27.2节
续航距离	4000海里
舰员	228人
发动机功率	26000千瓦
舰载直升机数量	1架

“诺克斯”级护卫舰

“诺克斯”（Knox）级护卫舰是美国于20世纪60年代研制的护卫舰，共建造了46艘，主要用于加强反潜能力。

“诺克斯”级在防空、反潜等方面较强，但在反舰上有所不足。该级除了装备1座八联装“阿斯洛克”反潜火箭发射架和1座双联装Mk 32鱼雷发射管（配备Mk 46鱼雷）外，还搭载有1架反潜直升机，它的探测设备包括对空警戒、对海警戒、导航和炮瞄雷达各1部，以及舰艏和拖曳线列阵声呐各1部。另外，舰上载有较为先进的指挥控制和电子战设备。

“诺克斯”级有较长的前甲板，5英寸舰炮安装在“阿斯洛克”反潜导弹箱式发射装置前方；非常醒目和突出的大型圆柱状桅杆/烟囱一体式建筑位于舰中部，对空搜索雷达天线位于其前缘，短小的框架式桅杆位于后缘顺部，另外还装有大型对海搜索雷达天线。

英文名称：Knox Class Frigate
研制国家：美国
制造厂商：托德造船厂
生产数量：46艘
服役时间：1969～1994年
主要用户：美国海军

Warships

★★★

基本参数

满载排水量	4260吨
全长	134米
全宽	14.3米
吃水	7.5米
最高航速	27节
续航距离	4000海里
舰员	257人
发动机功率	26120千瓦
舰载直升机数量	1架

“佩里”级护卫舰

“佩里”（Perry）级护卫舰是美国于20世纪70年代研制的导弹护卫舰，美国海军一共装备了51艘。此外，澳大利亚、西班牙等国也有装备。

“佩里”级护卫舰舰艏高，前甲板前端两侧舰艏升高；平板式箱形上层建筑由前甲板延伸到飞行甲板处；容易识别的WM 28火控雷达整流罩位于舰桥顶部，框架式前桅位于其后，顶部安装大型曲面式SPS-49对空搜索雷达天线，大型框架式主桅位于舰中部前方；3英寸口径舰炮位于烟囱前方；低矮的单烟囱面朝上层建筑后缘；上层建筑后缘与舰体侧面融合；“密集阵”近程防御系统安装在舰艉机库后缘顶部。

英文名称：Perry Class Frigate

研制国家：美国

生产数量：71艘

服役时间：1977年至今

主要用户：
美国海军、澳大利亚海军

Warships

★★★

基本参数

满载排水量	4100吨
全长	135.6米
全宽	13.7米
吃水	6.7米
最高航速	29节
续航距离	4500海里
舰员	200人
发动机功率	30155千瓦
舰载直升机数量	2架

"自由"（Freedom）级战斗舰是美国21世纪初研制的濒海战斗舰，计划建造16艘。"自由"级不仅隐身性好、噪音小、吃水浅，而且能像"变形金刚"般，通过更换任务模块，担负截然不同的多种作战任务，其中包括反潜、反水雷、反舰、特种作战等。必要时，它还能作为美国航母战斗群和远程打击群的重要组成部分，与大型水面舰艇配合作战。

"自由"级濒海战斗舰采用一种被称为"先进半滑航船体"（Advanced Semi-Planing Seaframe）的非传统单船体设计，其船体在高速航行时会向上浮起，吃水减少，阻力遂大幅降低。依照习惯，船只航行时由水产生的上扬力与船身重量的比值在0.4以下称为排水船体，航行时介于0.3～1.02称为半滑航船体，而至少在0.7以上者则称为滑航型船只。

英文名称：
Freedom Littoral Combat Ship

研制国家：美国

生产数量：16艘（计划）

服役时间：2008年至今

主要用户：美国海军

Warships

★★★

基本参数

满载排水量	3000吨
全长	115米
全宽	17.5米
吃水	3.9米
最高航速	47节
续航距离	3500海里
舰员	125人
发动机功率	36000千瓦
舰载直升机数量	3架

“独立”级濒海战斗舰

“独立”（Independence）级战斗舰是与“自由”级战斗舰同期研制的另一种濒海战斗舰。

“独立”级战斗舰装备了一座Mk110 57毫米舰炮和一套“海拉姆”反舰导弹防御系统。该舰的上层建筑部分还配置了两座30毫米Mk46舰炮。Mk110舰炮的底部可以配置一部非观瞄导弹发射装置，发射射程为22海里的精确攻击导弹。该舰飞行甲板可以容纳2架H-60直升机或者1架CH-53直升机。机库可容纳2架H-60直升机或者1架H-60直升机和3架MQ-8B“火力侦察兵”无人机。该舰还配备有升降机，可让“火力侦察兵”无人机配置到飞行甲板下的任务舱内。该舰配备有舰艇舱门和一个双尾撑吊臂，可以发送和回收小艇和水中传感器。

英文名称：Independence Class Littoral Combat Ship
研制国家：美国
生产数量：19艘（计划）
服役时间：2010年至今
主要用户：美国海军

Warships ★★★

基本参数

满载排水量	3104吨
全长	127.4米
全宽	31.6米
吃水	4.3米
最高航速	44节
续航距离	4300海里
舰员	75人
舰载直升机数量	2架、4架

▲“独立”级舰艏视角

▼“独立”级侧后方视角

“埃瓦茨”级护航驱逐舰

“埃瓦茨”（Evarts）级驱逐舰是美国海军在二战期间建造的护航驱逐舰，共建造97艘，于1943～1945年间服役。

“埃瓦茨”级的主炮为3门76.2毫米单管炮，防空武器包括1门四联装27.9毫米防空炮（或1门双联装40毫米博福斯机关炮），9门20毫米厄利空单管机关炮。反潜武器为2座深水炸弹投掷槽，8座深水炸弹投掷器，1门刺猬弹发射炮。由于蒸汽轮机供不应求，因此，“埃瓦茨”级改用柴油机作动力。“埃瓦茨”级同时在美国海军和英国皇家海军开始服役，但英国皇家海军将其重新定级为护卫舰（frigate），而非原来的护航驱逐舰（destroyer-escort）。由于蒸汽轮机供不应求，因此该级舰改用柴油机作动力。该级舰也有很高的干舷，不易上浪，但不很灵活，因而加剧了横摇。二战结束后，在英国服役的“埃瓦茨”级除已沉没的外全部归还美国。

英文名称：Evarts Class Destroyer
研制国家：美国
生产数量：97艘
服役时间：1943～1945年
主要用户：美国海军

Warships ★★☆

基本参数

满载排水量	1360吨
全长	88.2米
全宽	10.7米
吃水	2.7米
最高航速	21.5节
续航距离	4350海里
舰员	156人
发动机功率	4413千瓦

“巴克利”级护航驱逐舰

“巴克利”（Buckley）级驱逐舰是“埃瓦茨”级护航驱逐舰的改进型，共建造了102艘，于1943～1974年间服役。

除了加长舰体外，“巴克利”级改用涡轮发动机作动力，并加装鱼雷发射管。该级舰的主要武器包括3门76.2毫米单管炮，1门三联装533毫米鱼雷发射管，1门双联装40毫米博福斯机关炮，1门四联装27.9毫米防空炮（或4门40毫米博福斯单管机关炮），6～10门20毫米厄利空单管机关炮，2座深水炸弹投掷槽，8座深水炸弹投掷器，1门反潜刺猬弹发射炮。

英文名称：Buckley Class Destroyer

研制国家：美国

生产数量：102艘

服役时间：1943～1974年

主要用户：美国海军

Warships

基本参数

满载排水量	1740吨
全长	93.3米
全宽	11.1米
吃水	3.4米
最高航速	24节
续航距离	5500海里
舰员	186人

“拉德罗”级护航驱逐舰

“拉德罗”（Rudderow）级驱逐舰是“巴克利”级护航驱逐舰的改进型，共建造了22艘，于1944～1974年间服役。

与“巴克利”级相比，“拉德罗”级除将主炮全部改换两门单管127毫米高平两用炮外，还在舰艏方向增设1门40毫米机关炮。另外，舰桥与烟囱的高度也被降低，故其低矮的外形与前几级舰有明显区别。该级舰的武器还包括1座三联装533毫米鱼雷发射管，2门双联装40毫米博福斯机关炮，8门20毫米厄利空单管机关炮，2座深水炸弹投掷槽，8座深水炸弹投掷器，1门刺猬弹发射炮。

“拉德罗”级驱逐舰有50艘在建造过程中改装成了快速运输舰（APD-87～136），1艘于二战结束前完成改装（APD-139），另有两艘（APD-137、APD-138）的改装工作由于战争结束而取消。故该级舰仍作为护航驱逐舰服役的已为数不多。

英文名称：
Rudderow Class Destroyer
研制国家：美国
生产数量：22艘
服役时间：1944～1974年
主要用户：
美国海军、墨西哥海军

Warships ★★★

基本参数

满载排水量	1620吨
全长	93.3米
全宽	11.2米
吃水	3.5米
最高航速	21节
续航距离	5500海里
舰员	216人
发动机功率	4400千瓦

“约翰·C·巴特勒”级护航驱逐舰

“约翰·C·巴特勒”（John C. Butler）级驱逐舰是美国海军于二战末期建造的二线护航驱逐舰，共建造了83艘，于1944～1972年间服役。

“约翰·C·巴特勒”级的主炮为两门单管127毫米高平两用炮，防空武器为3门双联装40毫米博福斯机关炮，4门40毫米博福斯单管机关炮，3门双联装20毫米厄利空机关炮，10门20毫米厄利空单管机关炮。反潜兵器为2座深水炸弹投掷槽，8座深水炸弹投掷器，1门刺猬弹发射炮。此外，该级舰还装有1座三联装533毫米鱼雷发射管。

英文名称：
John C. Butler Class Destroyer

研制国家：美国

生产数量：83艘

服役时间：1944～1972年

主要用户：美国海军

Warships

★★★

基本参数

满载排水量	1745吨
全长	93.3米
全宽	11.1米
吃水	4.1米
最高航速	24节
续航距离	6000海里
舰员	186人

“维克斯”级驱逐舰

“维克斯”（Wickes）级驱逐舰是美国在一战时建造的“考德威尔”级驱逐舰的改良型，共建造了111艘，于1918～1946年间服役。

“维克斯”级的主要武器包括：4门100毫米单装炮，1门76毫米单装炮，3座四联装533毫米鱼雷发射管，2条深水炸弹滑轨。二战爆发后，尚在美国海军服役的“维克斯”级驱逐舰将全部旧有火炮拆除，改装为76毫米单装高平两用炮、2门40毫米博福斯机炮及2门20毫米厄利空机炮。“维克斯”级采用4台诺曼或怀特·福斯特重油蒸汽锅炉，搭配2台主机，采用双轴推进。

“维克斯”级在一战时是美国反潜作战的主力舰，而为了能及早并大量地投入大西洋的反潜及护航作战，各造船厂几乎都是倾力赶工。其中由马里兰海军造船厂（MINSY）建造的“沃德”号，甚至创下了从开工到下水只花了15天的超快纪录（1918年5月15日开工，6月1日下水）。一战结束之后，“维克斯”级舰大多伴随着美国海军的缩编而退役纳入后备舰队，尚在服役者则有部分被改装为轻型布雷舰或高速扫雷舰。

英文名称：
Wickes Class Destroyer

研制国家：美国

生产数量：111艘

服役时间：1918～1946年

主要用户：美国海军

Warships ★★★

基本参数

满载排水量	1247吨
全长	95.8米
全宽	9.4米
吃水	2.7米
最高航速	35节
续航距离	2500海里
舰员	100人
发动机功率	18350千瓦

“克莱姆森”级驱逐舰

“克莱姆森”（Clemson）级驱逐舰是“维克斯”级驱逐舰的扩大改进型，共建造156艘，于1919～1946年间服役。

与“维克斯”级相比，“克莱姆森”级增加了35%的燃油储备量。该级舰的主要武器包括：4门127毫米单管炮（DD-231～235为3门127毫米单管炮，DD-208～209为4门双联装75毫米炮，二战中部分舰只改为6门75毫米单管炮），2座三联装533毫米鱼雷管，1门25毫米单管防空炮，2门40毫米单管防空炮，2座深水炸弹投掷槽。

英文名称：
Clemson Class Destroyer

研制国家：美国

生产数量：156艘

服役时间：1919～1946年

主要用户：美国海军

Warships

基本参数

满载排水量	1308吨
全长	95.8米
全宽	9.4米
吃水	2.8米
最高航速	35节
续航距离	4900海里
舰员	122人
发动机功率	20600千瓦

“法拉格特”级驱逐舰

“法拉格特”（Farragut）级驱逐舰是美国海军于20世纪30年代建造的驱逐舰，共建造8艘，曾试验性地采用大型箱式舰岛。

“法拉格特”级安装了5门单联装127毫米主炮，其中舰艏2门主炮安装在有装甲保护的炮塔里，其余的3门只有单面装甲保护。鱼雷攻击方面，它装有口径为533毫米的四联装鱼雷发射管，共有2座。另外，还有门深水炸弹发射炮和2座深水炸弹投掷槽。值得一提的是，“法拉格特”级驱逐舰服役时并没有防空机关炮和反潜武器，直到1938年才开始加装。

“法拉格特”级进入战争时经常都在第一线，珍珠港事变时也都在现场。“沃登”号1943年在阿拉斯加海域触礁沉没，“胡尔”号和“莫纳汉”号在1944年12月“眼镜蛇台风”事件中沉没。

英文名称：
Farragut Class Destroyer

研制国家：美国

制造厂商：布鲁克林造船厂

生产数量：8艘

服役时间：1934～1945年

主要用户：美国海军

基本参数

满载排水量	1700吨
全长	104.01米
全宽	10.44米
吃水	2.74米
最高航速	36.5节
续航距离	6500海里
舰员	210人
发动机功率	31480千瓦

“波特”级驱逐舰

“波特”（Porter）级驱逐舰是美国海军在20世纪30年代开发的第二种驱逐舰，共建造8艘。该级舰也是美国第一种以向导驱逐舰为概念所开发的舰艇。

“波特”级采用4具重油蒸气锅炉，搭配2具主机。采用双轴推进，基准排水量1850吨，最高航速35节，续航力6500海里，乘员人数194人。舰上原先配有2座通信与瞭望用的桅杆，后舰身亦有一个舰桥，后来基于强化火力及改善舰体重心配置而将后舰桥及后桅杆撤除。

“波特”级的武装有4座连装127毫米L38炮塔（皆为封闭式的Mk-22型，舰艏、舰艉各2座，仅能平射），并搭配四联装28毫米防空机炮2座、四联装533毫米鱼雷发射管2具和深水炸弹滑轨两条（备弹14枚）。而在进入二战后，原来的28毫米机炮则换装为3座四联装博福斯40毫米机炮和2座连装奥勒冈20毫米机炮，对其防空火力有大幅度的加强。也有部分舰（DD-357、DD-360）的1、4号主炮塔改装高平两用双联装，第3炮塔改为单装，第2炮塔拆除改机炮的配置。

英文名称： Porter Class Destroyer
研制国家： 美国
制造厂商： 纽约造船厂
生产数量： 8艘
服役时间： 1936～1950年
主要用户： 美国海军

基本参数

满载排水量	2131吨
全长	116米
全宽	11.02米
吃水	3.18米
最高航速	35节
续航距离	6480海里
舰员	194人
发动机功率	37000千瓦

“马汉”级驱逐舰

“马汉”（Mahan）级驱逐舰是美国海军于20世纪30年代建造的驱逐舰，共建造18艘，于1936～1946年间服役。

“马汉”级装有4门127毫米单管炮（A、B主炮有炮塔，X、Y主炮无炮塔），3座四联装533毫米鱼雷发射管。该级舰中参加二战的舰只有较大改进，并拆除后桅。“马汉”级在太平洋战争中非常活跃，也因此成为美军战沉比例最大与战绩最多的驱逐舰级别。

“马汉”级服役后成为美国海军的主力，“卡辛”号（DD-372 Cassin）、“肖”号（DD-373 Shaw）和“唐斯”号（DD-375 Downes）服役于太平洋舰队。在1941年12月7日的珍珠港事件中这3艘驱逐舰遭到损坏。“卡辛”号被炸弹命中，在船坞中倾覆；“肖”号被炸弹命中后引起大火，随后又引爆弹药库，舰艏严重损坏；“唐斯”号被多枚炸弹命中，舰上的弹药被引爆，舰体受损特别严重。军方把两艘残存的舰上的动力系统、武器和其他设备拆卸，重新安装到一个新的舰体中，其舰名和舷号被保留，因此“卡辛”号和“唐斯”号两艘舰与“马汉”级其他舰外形差别非常大。

英文名称：
Mahan Class Destroyer
研制国家：美国
生产数量：18艘
服役时间：1936～1946年
主要用户：美国海军

Warships

★★★

基本参数

满载排水量	1752吨
全长	104米
全宽	10.8米
吃水	4米
最高航速	37节
续航距离	6940海里
舰员	158人
发动机功率	34000千瓦

“格里德利”级驱逐舰

“格里德利”（Gridley）级驱逐舰是在“马汉”级船体的基础上设计而来的驱逐舰，共建造4艘，于1937～1946年间服役。

“格里德利”级是首次安装4座四联装鱼雷发射管的驱逐舰，并且首次将2个烟囱合在一起，以增加舰上空间。除鱼雷发射管外，该级舰还装有4门127毫米火炮和4门20毫米高炮。“格里德利”级在试航时航速达到40节的高速。这种十分成功的驱逐舰曾在与日本舰队的夜战中立下汗马功劳。

“格里德利”级的主炮是4门单装Mk 12高平两用炮，前两座是炮塔设计，后两座是开放式。鱼雷管共计4座四联装发射管，左右舷各两座。

“格里德利”级武装放置过多，二战后期为了防卫“神风”特攻队的自杀攻击，多半都有装40毫米博福斯炮，但“格里德利”级没有办法安装，成为唯一没装博福斯炮的船舰，因此也退出太平洋战场。

英文名称：
Gridley Class Destroyer

研制国家：美国

生产数量：4艘

服役时间：1937～1946年

主要用户：美国海军

Warships
★★★

基本参数

满载排水量	2219吨
全长	103.9米
全宽	10.9米
吃水	3.9米
最高航速	38.5节
续航距离	6500海里
舰员	158人
发动机功率	31900千瓦

“西姆斯”级驱逐舰

“西姆斯”（Sims）级驱逐舰是美国海军于20世纪30年代后期建造的驱逐舰，共建造12艘，于1939～1946年间服役。

“西姆斯”级是一级相当成功的驱逐舰。它修正了美国海军前几级驱逐舰的缺点，减少了鱼雷发射管，用以增设防空武备。“西姆斯”级的主要武器包括4门127毫米单管高平两用炮，1座四联533毫米鱼雷发射管，5门20毫米厄利空单管机关炮，10枚深水炸弹。

英文名称： Sims Class Destroyer
研制国家： 美国
生产数量： 12艘
服役时间： 1939～1946年
主要用户： 美国海军

Warships

★★★

基本参数

满载排水量	2293吨
全长	106.1米
全宽	11米
吃水	4.1米
最高航速	36.5节
续航距离	6500海里
舰员	251人
发动机功率	38134千瓦

“本森”级驱逐舰

“本森”（Benson）级驱逐舰由美国于20世纪30年代末建造，共建造了30艘，是美国海军在二战中的主力驱逐舰之一。

“本森”级是“西姆斯”级的改良型，最大的改变是从单烟囱改为了双烟囱。该级防空武器为2门双联40毫米博福斯机关炮和7门单管20毫米厄利空机关炮，反舰武器为2座五联装533毫米鱼雷发射管（二战中因增加防空武器故拆除一座鱼雷发射管，剩1座），反潜武器为12座深水炸弹发射槽。

英文名称：

Benson Class Destroyer

研制国家：美国

制造厂商：福尔河造船厂

生产数量：30艘

服役时间：1940～1951年

主要用户：美国海军

基本参数

同级数量	30艘
满载排水量	2474吨
全长	106.12米
全宽	11米
吃水	3.58米
最高航速	37.5节
续航距离	5940海里
舰员	276人
发动机功率	37000千瓦

“弗莱彻”级驱逐舰

“弗莱彻”（Fletcher）级是美国于20世纪40年代建造的驱逐舰，共建造了175艘，于1941～1971年间服役。“弗莱彻”级是美国二战中最著名的驱逐舰，它组成了二战中后期美国海军驱逐舰队的主力。

二战期间，在两年的时间内，共有175艘的“弗莱彻”级舰被赶造出来，并参加了战争中后期的各次重要海上战役。值得注意的是，美国驱逐舰的设计从“弗莱彻”级开始又回到了“平甲板”型的路子上来。二战后，美军对幸存的“弗莱彻”级进行了改装。

“弗莱彻”级于1941年服役，在二战中共损失25艘，其中19艘被击沉，另6艘损坏过于严重不修复。在退役后，许多“弗莱彻”级经过现代化改装，继续在盟国海军执行勤务。

英文名称：
Fletcher Class Destroyer
研制国家：美国
生产数量：175艘
服役时间：1941～1971年
主要用户：美国海军

Warships ★★★

基本参数

同级数量	175艘
满载排水量	2500吨
全长	114.8米
全宽	12米
吃水	3.8米
最高航速	36.5节
续航距离	4779海里
舰员	329人
发动机功率	44130千瓦

“艾伦·萨姆纳”级驱逐舰

“艾伦·萨姆纳”（Allen M. Sumner）级驱逐舰是“弗莱彻”级驱逐舰的增大型，共建造了58艘，于1943～1975年间服役，堪称美国在二战中建造的最好的驱逐舰。

“艾伦·萨姆纳”级的战斗半径比以往任何一级驱逐舰都大。该级原计划建造70艘，其中有12艘在建造过程中改为快速布雷舰，还有3艘是在二战后才完工的。“艾伦·萨姆纳”级驱逐舰装有3门Mk 32双联装127毫米高平两用炮，2座五联装533毫米鱼雷发射管（部分舰只减少为1座）。

20世纪60年代初，有33艘“艾伦·萨姆纳”级进行了现代化改装，可搭载反潜直升机。1975年，该级全部退役，有一大部分转入其他国家的海军。

英文名称：
Allen M. Sumner Class Destroyer

研制国家：美国

生产数量：58艘

服役时间：1943～1975年

主要用户：美国海军

基本参数

同级数量	58艘
满载排水量	3515吨
全长	114.8米
全宽	12.5米
吃水	5.8米
最高航速	34节
续航距离	6000海里
舰员	363人
发动机功率	45000千瓦

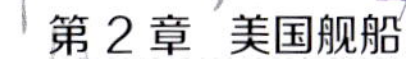

"基林"级驱逐舰

"基林"（Gearing）级驱逐舰是美国海军于20世纪40年代中后期建造的驱逐舰，共建造了98艘，于1945年开始服役至今。

"基林"级的防空武器为2门四联装40毫米博福斯机关炮、2门双联装40毫米博福斯机关炮和11门单管20毫米厄利空机关炮。二战结束后，有很大一部"基林"级重新定级为DDE、DDK、DDR和EDD，著名的"基阿特"号改为DDG，成为美国第一艘导弹驱逐舰，导弹发射装置安放在原先舰艉的127毫米舰炮位置上。

"基林"级完成时，武装和"艾伦·萨姆纳"级是一样的，具有3座双联装25.4毫米炮塔，前二后一布局。船中央烟囱间以及后侧装有两座五联装鱼雷发射管。就役后因为海上舰艇间战斗的可能性大减，因此后鱼雷管就纷纷拆除改装40毫米防空机炮，其中26艘完成时干脆就不装鱼雷管了，改加装警戒雷达，在1948年归类为DDR（雷达警戒驱逐舰）。

英文名称：
Gearing Class Destroyer

研制国家：美国

制造厂商：福尔河造船厂

生产数量：98艘

服役时间：1945年至今

主要用户：美国海军

Warships

基本参数

满载排水量	3460吨
全长	119米
全宽	12.5米
吃水	4.4米
最高航速	32节
续航距离	4500海里
舰员	367人
发动机功率	45000千瓦

“米切尔”级驱逐舰

“米切尔”（Mitscher）级驱逐舰是美国海军于20世纪50年代研制的以反潜为主要任务的驱逐舰，共建造了4艘，于1953～1978年服役。

“米切尔”级驱逐舰装有2门127毫米Mk 42单装炮和2门76毫米Mk 26双联装火炮，防空武器为4门20毫米双联装机关炮，反舰武器为2座533毫米五联装鱼雷发射管，反潜武器为2座Mk 108反潜火箭发射器和1座深水炸弹投掷架。

英文名称：
Mitscher Class Destroyer
研制国家：美国
制造厂商：巴斯钢铁厂
生产数量：4艘
服役时间：1953～1978年
主要用户：美国海军

Warships

★★★

基本参数

满载排水量	4855吨
全长	150米
全宽	14.5米
吃水	4.5米
最高航速	36.5节
续航距离	4500海里
舰员	360人
发动机功率	60000千瓦

“福雷斯特·谢尔曼”级驱逐舰

“福雷斯特·谢尔曼”（Forrest Sherman）级驱逐舰是美国在20世纪50年代研制的驱逐舰，共建造18艘，于1955～1988年间服役。

“福雷斯特·谢尔曼”级驱逐舰的主要武器为3门127毫米舰Mk 42单管炮，防空武器为2门76毫米Mk 34双联装防空炮和4挺机枪，反潜武器为2座Mk 15刺猬弹发射器，反舰武器为4座Mk 25固定式鱼雷发射管。改装为反潜驱逐舰的6艘拆除了二号主炮，改为1座八联装Mk 16阿斯洛克反潜导弹发射架。拆除原Mk 15刺猬弹发射器，改为2座324毫米三联装Mk 32反潜鱼雷发射器。另外还拆除了76毫米防空炮。改装后可供直升机起降，但无机库。

“福雷斯特·谢尔曼”级共建造了18艘，其中后7艘（DD-945～DD-951）原本定为“赫尔”级，但它们在服役后被统归为“福雷斯特·谢尔曼”级，但这7艘舰不同于前几艘之处是其上层建筑全部采用铝合金材料，以减轻重量和增加稳定性。

英文名称：
Forrest Sherman Class Destroyer

研制国家：美国

制造厂商：巴斯钢铁厂

生产数量：18艘

服役时间：1955～1988年

主要用户：美国海军

Warships ★★★

基本参数

同级数量	18艘
满载排水量	4050吨
全长	127米
全宽	14米
吃水	6.7米
最高航速	32.5节
续航距离	4500海里
舰员	333人
发动机功率	52000千瓦

“孔茨”级驱逐舰

“孔茨”（Coontz）级驱逐舰是美国海军于20世纪50年代末开始建造的大型导弹驱逐舰，共建造10艘，于1959～1993年间服役。

“孔茨”级装有2门127毫米高平两用炮，2门76毫米双联装高射炮（后拆除，改为2座“鱼叉”四联装反舰导弹发射器），1座双联装“标准”防空导弹发射器，1座“阿斯洛克”反潜火箭发射器，6座反潜鱼雷发射管。“孔茨”级驱逐舰的电子设备主要包括SPS-48/37对空雷达，SPS-10对海雷达，SPG-53H炮瞄雷达，Mk 76、Mk 68、Mk 11、Mk 111火控雷达和SPG-55B制导雷达等，另外还有海军战术指挥系统、塔康战术导航系统、WSC-3卫星通信系统等。

英文名称：
Coontz Class Destroyer

研制国家：美国

制造厂商：福尔河造船厂

生产数量：10艘

服役时间：1959～1993年

主要用户：美国海军

Warships

基本参数

满载排水量	5648吨
全长	156.2米
全宽	16米
吃水	5.4米
最高航速	32节
续航距离	5000海里
舰员	360人
发动机功率	63385千瓦

“查尔斯·F·亚当斯”级驱逐舰

“查尔斯·F·亚当斯”（Charles F. Adams）级驱逐舰是20世纪60～80年代美国海军的防空主力舰种之一，共建造23艘。

“查尔斯·F·亚当斯”级驱逐舰代表了20世纪60年代美军舰艇风格，其造型设计和装备配置等与现代的舰艇大异其趣，还保有一些二战时美国驱逐舰的影子。

该级舰的上层建筑为铝合金制造，2门Mk 42型127毫米舰炮分别位于舰艏与舰艉，八联装Mk 112（后来换成Mk 16）ASROC发射器位于舰身中段、前后的船楼与两根老式圆柱状烟囱之间，而Mk 10“标准”防空导弹发射器则位于舰艉，而且是全舰最末端的武器，正挡在舰艉Mk 42主炮之前。由于空间有限，该级舰没有设置直升机甲板以及直升机库，使其反潜性能受到限制。

英文名称：

Charles F. Adams Class Destroyer

研制国家：美国

制造厂商：巴斯钢铁厂

生产数量：23艘

服役时间：1960～1993年

主要用户：美国海军

基本参数

满载排水量	4526吨
全长	133.2米
全宽	14.3米
吃水	7.3米
最高航速	33节
续航距离	4500海里
舰员	333人
发动机功率	52000千瓦

“斯普鲁恩斯”级驱逐舰

“斯普鲁恩斯”（Spruance）级驱逐舰是美国20世纪70年代研制的驱逐舰，共建造31艘，于1975～2005年间服役。

“斯普鲁恩斯”级驱逐舰的主要舰载武器包括：2门Mk 45-0型127毫米舰炮，2座六管Mk 15型20毫米“密集阵”近程武器系统，1座四联装RAM舰空导弹发射装置，2座可发射Mk 46-5型或Mk 50型鱼雷的三联装Mk 32鱼雷发射管，以及2座可备弹8枚的“鱼叉”反舰导弹发射装置。

“斯普鲁恩斯”级是美国海军最大的、以反潜为主的多用途驱逐舰。海湾战争中，有10艘以上的“斯普鲁恩斯”级舰配属于各航母战斗群中和水面战斗群，部署于东地中海、红海、阿拉伯湾和波斯湾内，执行对地攻击和反舰护航任务，在支援两栖作战中发挥了重要作用。“沙漠之狐”作战行动中，4艘“斯普鲁恩斯”级参加了对伊导弹袭击。科索沃战争中，“斯普鲁恩斯”级中的“尼科尔森”号，“索恩”号参加了对南联盟的空袭，发射了舰射“战斧”导弹。

英文名称：
Spruance Class Destroyer

研制国家：美国

制造厂商：英戈尔斯造船厂

生产数量：31艘

服役时间：1975～2005年

主要用户：美国海军

基本参数

满载排水量	8040吨
全长	171.6米
全宽	16.76米
吃水	5.79米
最高航速	33节
续航距离	5200海里
舰员	339人
发动机功率	59656千瓦
舰载机数量	2架

“阿利·伯克”级驱逐舰

“阿利·伯克”（Arleigh Burke）级驱逐舰于1991年开始服役至今，共建造了65艘。

“阿利·伯克”级与“斯普鲁恩斯”级一样采用大型化舰体，但长度低于后者。“阿利·伯克”级采用美国戴维·泰勒海军船舰研发中心在20世纪70年代开发的新船型，着重于提高耐海能力，拥有宽水线面，长度较短而宽度增加，长宽比减少，这种设计能减小纵摇力矩，改善耐波性并增加甲板面积，但是这种较为短粗的舰体在流体力学上不利于高速航行。因此，“阿利·伯克”级加速到30节所需功率比“提康德罗加”级增加25%，续航力也低于“提康德罗加”级和“斯普鲁恩斯”级。

该级舰的主要舰载武器包括：2座Mk 41导弹垂直发射系统，视作战任务决定“战斧”、“标准”Ⅱ、“海麻雀”和“阿斯洛克”的装弹量；1门127毫米全自动炮；2座四联装“捕鲸叉”反舰导弹发射装置；2座6管“密集阵”系统；2座Mk 32-3型324毫米鱼雷发射装置，发射Mk 46或Mk 50型反潜鱼雷。此外，该级舰的后期型号还可搭载2架SH-60B/F直升机。

英文名称：
Arleigh Burke Class Destroyer

研制国家：美国

生产数量：99艘（计划）

服役时间：1991年至今

主要用户：美国海军

Warships

★★★

基本参数

满载排水量	9217吨
全长	156.5米
全宽	20.4米
吃水	6.1米
最高航速	30节
续航距离	4400海里
舰员	323人
发动机功率	80540千瓦
舰载机数量	2架

“朱姆沃尔特”级驱逐舰

“朱姆沃尔特”（Zumwalt）级驱逐舰是实验中的驱逐舰，代号为DDX或DDG-1000。

与以前美国海军舰艇的设计方法不同，DDX设计寻求将舰艇的作战系统、船体、机械和电气系统完全综合起来，同时最大限度地使其功能自动化。DDX采用先进而全面的隐身设计，使其拥有潜艇般的隐身性。DDX的舰面上只会有一个单一的船楼结构，被称为“整合式船楼组合”。这是一个一体成型的模块化结构，整体造型由下往上向内收缩以降低雷达反射截面，其艉部整合有直升机库。船楼顶部整合有一座大型先进密闭桅杆/传感器（Advanced Enclosed Mast/Sensor，AEM/S），舰上所有通信、侦测、导航、电子战系统的天线都位于这个AEM/S塔状物中。

英文名称：
Zumwalt Class Destroyer

研制国家：美国

制造厂商：巴斯钢铁厂

生产数量：3艘

服役时间：2016年10月至今

主要用户：美国海军

Warships

★★★

基本参数

满载排水量	14564吨
全长	183米
全宽	24.1米
吃水	8.4米
最高航速	30.3节
续航距离	4400海里
舰员	140人
发动机功率	78290千瓦
舰载机数量	4架

“飓风”级巡逻艇

“飓风”（Cyclone）级巡逻艇是美国海军正在使用的近岸巡逻艇，于1993年服役至今，共建造了14艘。

“飓风”级巡逻艇最初建造的时候长度为51.8米，但是后来为了配置艇艉发送斜坡和回收系统，长度延长到55米。该级艇的主要武器包括2门25毫米毒蛇机炮、5挺12.7毫米重机枪、2座40毫米自动榴弹发射器、2挺M240B通用机枪和6枚“刺针”防空导弹。

“飓风”级大多于1992～1994年服役。2011年3艘曾经租借予美国海岸警卫队的“飓风”级巡逻艇已回归海军，另外一艘则捐赠予菲律宾海军。其余10艘中，5艘以小溪为母港，另5艘按照前沿部署轮调到巴林。“夏马风”号、“龙卷风”号及“和风”号于2011年回到海军并重新入役。租借予海岸警卫队的“飓风”级被赋予形形色色的任务，包括搜救、拦截、登船检查前往美国港口的外国船只等。

英文名称：
Cyclone Class Patrol Ship
研制国家：美国
生产数量：14艘
服役时间：1993年至今
主要用户：美国海军

Warships

★★★

基本参数

满载排水量	331吨
全长	55米
全宽	7.6米
吃水	2.3米
最高航速	35节
续航距离	2000海里
舰员	28人
发动机功率	25000千瓦

“短剑”高速隐形快艇

“短剑”（Stiletto）快艇是美国海军一种高速隐形快艇，于2006年服役至今。

“短剑”快艇采用碳纤维材料制造，与F-35和波音787客机的材料类似，是美国有史以来采用碳纤维材料制造的最大的海军舰艇。这种材料强度高、重量轻，比起铝合金或钢，更能够增加舰艇的有效载荷和运载作战物资的能力，提高燃油效率和减少舰艇维护工作量。另外，碳纤维材料中间以复合泡沫材料填充，能大大减少舰艇的红外和磁信号特征。它的干舷较低。除桅杆外，舰艇表面基本上就再没有别的裸露装备了。舰桥和武器装备都融入船体内。整艘快艇的可视信号特征较小。

驾驶“短剑”快艇只需要3名船员，它一次能够运载12名全副武装的“海豹”突击队员和1艘长11米的特种作战刚性充气艇，还能够搭载1架小型无人机。

英文名称： Stiletto Speedboat

研制国家： 美国

生产数量： 目前已建成3艘

服役时间： 2006年至今

主要用户： 美国海军

Warships

★★★

基本参数

满载排水量	60吨
全长	27米
全宽	12米
吃水	0.8米
最高航速	51节
续航距离	500海里
舰员	3人
发动机功率	8500千瓦

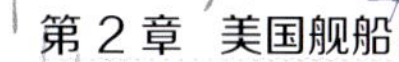

“食人鱼”无人艇

“食人鱼”无人艇是美国塞威船舶公司研制的无人水面艇，其研制工作始于2010年2月，同年10月开始在西雅图普吉特海湾进行海上航行试验。

与美国海军研制的其他无人艇相比，“食人鱼”无人艇的设计更为前卫大胆。该艇的艇体长达16.5米，艇体几乎全部使用最新的碳纤维-纳米管复合材料建造。虽然“食人鱼”无人艇的满载排水量只有3.6吨，但它可以携带的有效载荷却超过6.8吨。

“食人鱼”无人艇被认为可以胜任美国海军和海岸警卫队时下的各种使命，包括港口和海岸巡逻、搜索与救援、打击海盗及反潜等。“食人鱼”无人艇开始服役后，美国海军和海岸警卫队就可以让更多的有人舰艇转作他用。

英文名称：
Piranha Unmanned Craft
研制国家：美国
生产数量：尚未量产
服役时间：尚未服役
主要用户：美国海军、美国海岸警卫队

Warships

基本参数

满载排水量	3.6吨
全长	16.5米
全宽	3.5米
吃水	0.5米
最高航速	45节
续航距离	2170海里

“飞马座”级导弹艇

“飞马座”（Pegasus）级导弹艇建造于20世纪70年代，总计6艘服役，全部划归美国海军大西洋舰队。

“飞马座”级为全浸式自控双水翼燃汽轮机和喷水推进导弹艇。艇体采用混合线型、艏部为尖瘦的V形线型，有助于获得良好的排水航行性能；艉部为短方尾形线形，和尖舭一起使艇在过渡到翼航状态时把高速阻力减到最小。

“飞马座”级舰桥前方的艏部甲板装1座奥托·梅莱拉76毫米炮，炮座甲板下面设供弹系统。艇艏设有首水翼支柱的收缩机械装置。中部的长甲板室，包括作战室、导航通信设备室和艇长室等。驾驶室内设有操纵台。甲板室后部设有海上加油设备和燃汽轮机进排气道。艉部甲板两舷各装1座四联装“捕鲸叉”舰对舰导弹发射装置。甲板室中部四脚短桅上设置球形玻璃钢罩Mk 92型火控雷达。

英文名称：Pegasus Missile Boat
研制国家：美国
生产数量：6艘
服役时间：1977～1993年
主要用户：美国海军

Warships
★★★

基本参数

满载排水量	241吨
全长	40米
全宽	8.5米
全高	8.5米
最高航速	48节
舰员	21人
发动机功率	13423千瓦

“复仇者”级扫雷舰

“复仇者”（Avenger）级扫雷舰是美国海军在二战后建造的世界上最大的扫雷舰，也是西方国家舰员最多的扫雷舰，共建造14艘，于1987年服役至今。

“复仇者”级有许多独到之处。首先，该舰舰体采用多层木质结构，且外板表面包有浸以环氧树脂的多层玻璃纤维，船体具有高强度、耐冲击、抗摩擦等特点。舰上的诸多设备和部件采用铝合金、铜等非磁性材料。其次，探雷设备较先进。舰上装有1部AN/SQQ-0型变深声呐（后5艘安装AN/SQQ-2型声呐）。该型声呐为单元式结构，可满足数据处理、显示及方向图形成的最新要求。第三，“复仇者”级灭扫雷系统较完善。舰上的AN/SLQ-48反水雷系统主要由EX-116MOD-0灭雷深潜器组成。该深潜器工作深度超过100米，由电动机驱动，航速6节；舰上操作人员通过1500米长的电缆实现电源供给和操纵控制。

英文名称：

Avenger Class Minesweeper

研制国家：美国

生产数量：14艘

服役时间：1987年至今

主要用户：美国海军

Warships

基本参数

满载排水量	1379吨
全长	68.4米
全宽	11.9米
吃水	4.6米
最高航速	13.5节
续航距离	2172海里
舰员	84人
发动机功率	450千瓦

"鱼鹰"级扫雷舰

"鱼鹰"（Osprey）级扫雷舰建造于20世纪90年代，现已全部从美国海军退役。

"鱼鹰"级是世界上现役近岸扫雷舰中船身尺寸第二大、仅次于英国"亨特"级近岸扫雷舰。船上装有高精度扫雷声呐与水下无人扫雷载具，大幅提高了猎雷舰的猎雷安全性与效率。该级舰的自卫武器为2挺12.7毫米口径Mk26机枪，扫雷装置包括阿连特技术系统公司的SLQ-48遥控扫雷具、水雷压制系统以及DGM-4消磁系统。

2006年6月15日，美国海军"鱼鹰"级扫雷舰首舰"鱼鹰"号和第4艘"鸫鸟"号正式退出现役，标志着其在冷战后期研制的唯一一级专用猎雷舰将逐步淡出历史舞台。美国海军于2008年年底之前淘汰全部"鱼鹰"，并将它们悉数转让给其他国家。

英文名称：
Osprey Class Minesweeper

研制国家：美国

生产数量：12艘

服役时间：1993～2008年

主要用户：美国海军

Warships

★★★

基本参数

满载排水量	893吨
全长	57米
全宽	11米
吃水	3.7米
最高航速	10节
续航距离	1500海里
舰员	51人

LCM-8 机械化登陆艇

LCM-8是美国海军正在使用的机械化登陆艇型别，于1959年服役至今，共建造了6艘。

LCM-8机械化登陆艇的空载排水量为58.7吨，满载排水量超过100吨。该艇的动力装置为两台柴油发动机，空载时最大航速为12节，满载时最大航速为9节。自卫武器方面，该艇仅装有2挺12.7毫米机枪。

英文名称： LCM-8 Landing Craft

研制国家： 美国

生产数量： 6艘

服役时间： 1959年至今

主要用户： 美国海军

基本参数

满载排水量	113.2吨
全长	22.5米
全宽	6.4米
吃水	1.6米
最高航速	12节
续航距离	190海里
舰员	4～6人
发动机功率	441千瓦

LCU通用登陆艇

LCU是美国在20世纪50年代研制的通用登陆艇，共建造了32艘，于1959年服役至今。

LCU的总体布局采用了直通式甲板的设计，在艇艏和艇艉都设有坡道，装甲车辆和坦克可直接从艇艏或者艇艉进入登陆艇，从而免除了需要掉头才能装卸车辆的麻烦，非常适合从两栖舰到海岸或者从海岸到海岸的物资运输。它能够运载2辆M1A1坦克或350名全副武装的海军陆战队队员。LCU采用了常用的平底船型，速度较慢，最大航速才12节。

LCU通用登陆艇在抢滩时艇艏大门往下打开形成跳板让人员或车辆直接由舱内驶出，装载舱是敞开露天式的前后贯通，所以可数艘接在一起变成浮桥。驾驶台在右舷中后段，所有舱间在后段之两舷侧。本级艇的运用弹性很大，除了在离岛间短距离的运补与登陆作战外，还可以装载于船坞登陆舰（LSD）中进行越洋两栖作战行动。

英文名称：LCU Landing Craft
研制国家：美国
生产数量：32艘
重要型号：
LCU-1610、LCU-1627、LCU-1646
服役时间：1959年至今
主要用户：美国海军

Warships

基本参数

满载排水量	200吨
全长	41.1米
全宽	8.8米
吃水	2.1米
最高航速	12节
续航距离	1200海里
舰员	10人
发动机功率	496千瓦

LCAC 气垫登陆艇

LCAC（Landing Craft Air Cushion）登陆艇是美国于20世纪80年代研制的气垫登陆艇，共建造了91艘，于1986年服役至今。

LCAC气垫登陆艇的艇体为铝合金结构，不受潮汐、水深、雷区、抗登陆障碍和近岸海底坡度的限制，可在全世界70%以上的海岸线实施登陆作战。LCAC的缺陷在于没有装甲防护，发动机和螺旋桨都暴露在外部，在火力密集的高强度条件下作战易损坏。被运载的装备全部露天放置，恶劣天气下不利于保养。此外，虽然沿着侧裙装有泡沫抑制器，可改善驾驶员的视野，不过在恶劣海洋气象下行动仍有相当大的问题。

在登陆作战时，携带气垫登陆艇的两栖舰船在远离岸边20～30海里时，便可让气垫登陆艇依靠自身的动力将人员和装备送上敌方滩头，从而保证了自身的安全。该级艇稍做改装，即可执行扫雷、反潜和导弹攻击等任务。

英文名称：

Landing Craft Air Cushion

研制国家：美国

生产数量：91艘

服役时间：1986年至今

主要用户：美国海军

Warships

基本参数

满载排水量	87吨
全长	26.4米
全宽	14.3米
吃水	0.9米
最高航速	40节
续航距离	300海里
舰员	5人
发动机功率	12000千瓦

“先锋”级联合高速船

“先锋”（Spearhead）级联合高速船是未来美国海军的重要装备。2012年8月16日，该船在美国阿拉巴马州莫比尔市完成验收，并计划建造10艘。

“先锋”级联合高速船采用铝合金双体船设计，能够运送600吨物资以35节的航速航行1200海里，并能在吃水较浅的港口和航道工作，可搭载部队和装备执行军事任务，又能在滨海区执行人道主义任务。由于装备有完善的滚装登陆设备，M1A1主战坦克可从联合高速船直接登陆作战。另外，“先锋”级联合高速船上设置有飞行甲板和辅助降落设备，可供直升机全天候起降。不仅如此，舰上还拥有先进的通信、导航和武器系统，可满足不同的任务需要。

英文名称：Spearhead Class Expeditionary Fast Transport

研制国家：美国

生产数量：10艘（计划）

服役时间：2012年至今

主要用户：美国海军

Warships

★★★

基本参数

满载排水量	2362吨
全长	103米
全宽	28.5米
吃水	3.8米
最高航速	43节
续航距离	1200海里
舰员	21人

“蓝岭”级两栖指挥舰

“蓝岭”（Blue Ridge）级两栖指挥舰是美军于20世纪60年代建造的新型指挥舰，共建造了2艘。“蓝岭”级首舰“蓝岭”号于1967年建造，1970年正式服役，也是美国海军第三艘以蓝岭山脉命名的军舰。1979年被部署在日本横须贺港，担任美国海军第七舰队旗舰。

与其他舰船不同，“蓝岭”级指挥舰是专为指挥控制而设计的舰船。由于在设计时将“蓝岭”级列入了两栖舰艇，所以“蓝岭”级又被称为两栖指挥舰。“蓝岭”级不具备执行其他任务的能力，完全是一艘专用的舰队指挥舰，或称为“旗舰”。

英文名称：
Blue Ridge Class Command Ship

研制国家：美国

制造厂商：纽波特纽斯造船公司

生产数量：2艘

服役时间：1970年至今

主要用户：美国海军

基本参数

满载排水量	18874吨
全长	194米
全宽	32.9米
吃水	8.8米
最高航速	23节
续航距离	13000海里
舰员	743人
发动机功率	16000千瓦

“新港”级坦克登陆舰

“新港”（Newport）级坦克登陆舰于1966年开始建造，截至2002年共计生产了20艘同级舰。

“新港”级可运载坦克和车辆共500吨，舰上装有2门双联装Mk 33型76毫米炮，1座Mk 15型6管20毫米“密集阵”武器系统。电子设备包括1部SP67型搜索雷达，1部LN66型或CRP3100型导航雷达。另外，舰上海设有直升机平台，可起降2架直升机。

由于美国海军陆战队的登陆作战形态的改变，坦克登陆舰的地位被两栖登陆舰所取代，因此在“新港”级之后，美国海军便没有再生产新的坦克登陆舰。

英文名称：
Newport Class Tank Landing Ship
研制国家：美国
生产数量：20艘
服役时间：1969～2002年
主要用户：美国海军

Warships

★★★

基本参数

满载排水量	8500吨
全长	159米
全宽	21米
吃水	5.3米
最高航速	20节
续航距离	2500海里
舰员	257人
发动机功率	11930千瓦

“奥斯汀”级船坞登陆舰

“奥斯汀”（Austin）级是美国海军建造于20世纪60年代的两栖船坞登陆舰，共建造了12艘，于1965年服役至今。

“奥斯汀”级船坞登陆舰有2座Mk 15“密集阵”近程防御系统，其中1座位于主上层建筑前缘，1座位于上层建筑顶部主桅后方。“奥斯汀”级的大型三角式主桅位于上层建筑顶部，并有高大细长的双烟囱。

“奥斯汀”级舰共有7台起重机，其中1台重约30吨，另外6台为4吨。升降机从飞行甲板到机库甲板可运载8吨的物资。兵员舱可用来存放救援物资，或用来存放2000吨的补给品和设备。“奥斯汀”级舰上还有专门存放航空燃料和车用燃料的油罐。

英文名称： Austin Class Amphibious Transport Dock

研制国家： 美国

生产数量： 12艘

服役时间： 1965年至今

主要用户： 美国海军

Warships

★★★

基本参数

满载排水量	16914吨
全长	173米
全宽	32米
吃水	10米
最高航速	21节
续航距离	7700海里
舰员	420人
发动机功率	18000千瓦

“惠德贝岛”级船坞登陆舰

“惠德贝岛”（Whidbey Island）级登陆舰是美国海军为适应新形势下两栖作战的需要而开发的一种多功能、性能先进的两栖作战舰船，共建造了8艘，于1985年服役至今。

“惠德贝岛”级船坞登陆舰的上层建筑布置在舰体的中前部，上层建筑的后方有宽敞的甲板。该级舰能装载登陆部队、坦克、直升机等军事力量。另外，该级舰的武器装备极少，只有几座舰炮。

“惠德贝岛”级登陆舰的特点是坞舱巨大，其长度约134米，占全舰长度的75%，坞舱宽15米，整个坞舱可装运4艘LCAC气垫登陆艇和21艘LCM型机动登陆艇，飞行甲板可以起降2架CH-46等中型直升机。

英文名称：Whidbey Island Class Amphibious Transport Dock

研制国家：美国

生产数量：8艘

服役时间：1985年至今

主要用户：美国海军

Warships

基本参数

满载排水量	16100吨
全长	186米
全宽	26米
吃水	5米
最高航速	20节
续航距离	8000海里
舰员	340人
发动机功率	25000千瓦

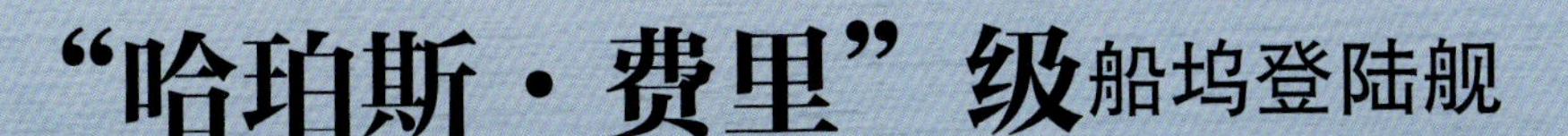

“哈珀斯·费里”级船坞登陆舰

“哈珀斯·费里”（Harpers Ferry）级登陆舰是“惠德贝岛”级船坞登陆舰的改进型，共建造了4艘，于1995年服役至今。

“哈珀斯·费里”级与“惠德贝岛”级有90%左右的设备是相同的，主要的改变在于“哈珀斯·费里”级将坞舱减小了，坞舱的装载量为“惠德贝岛”级的一半。该级舰货舱则由原来的1415立方米扩大到了1914立方米。该级舰还增加了空调、管道系统，并改变了局部的舰体结构，起重机的数量也由2台改为1台。

“哈珀斯·费里”级的火力配置为2座21管“拉姆”近程舰空导弹发射系统、2座Mk 15“密集阵”武器系统、8挺12.7毫米机枪、SLQ-25“水精”拖曳式鱼雷诱饵。

英文名称： Harpers Ferry Class Amphibious Transport Dock

研制国家： 美国

生产数量： 4艘

服役时间： 1995年至今

主要用户： 美国海军

Warships

★★★

基本参数

满载排水量	16708吨
全长	186米
全宽	26米
吃水	6.4米
最高航速	20节
续航距离	8000海里
舰员	22人
发动机功率	25000千瓦

“圣安东尼奥”级船坞登陆舰

“圣安东尼奥”（San Antonio）级船坞登陆舰由美国英格尔斯造船厂建造，共建造了8艘，于2006年服役至今。“圣安东尼奥”级代表着两栖船坞登陆舰技术发展的先进水平。

“圣安东尼奥”级登陆舰有3个总面积达2360平方米的车辆甲板、3个总容量962立方米的货舱、1个容量1192立方米的航空燃油储存舱、1个容量达37.8立方米的车辆燃油储存舱及1个弹药储存舱，为登陆部队提供充分的后勤支援。舰内设有一个全通式泛水坞穴甲板，由舰艉升降闸门出入，可停放2艘LCAC气垫登陆艇或1艘LCU通用登陆艇，位于舰中、紧邻坞穴的部位可停放14辆新一代先进两栖突击载具。

英文名称：San Antonio Class Amphibious Transport Dock

研制国家：美国

制造厂商：英格尔斯造船厂

生产数量：8艘

服役时间：2006年至今

主要用户：美国海军

Warships

★★★

基本参数

满载排水量	24900吨
全长	208米
全宽	32米
吃水	7米
最高航速	22节
续航距离	7700海里
舰员	420人
发动机功率	31021千瓦

“硫磺岛”级两栖攻击舰

“硫磺岛”（Iwo Jima）级两栖攻击舰建造于20世纪50年代，90年代后开始被“黄蜂”级攻击舰取代，直至2002年全部退役。

“硫磺岛”级两栖攻击舰没有船坞，其装载量很大，可装载一个直升机中队（约28～32架直升机）以及1个海军陆战队加强营（约2000人）及其装备。“硫磺岛”级还可供垂直起降飞机和直升机起降。

“硫磺岛”级攻击舰的武器包括2座八联装“海麻雀”防空导弹发射器、2门Mk 33主炮、2门Mk 15“密集阵”近程防御炮。

英文名称：Iwo Jima Class Amphibious Assault Ship

研制国家：美国

生产数量：7艘

服役时间：1961～2002年

主要用户：美国海军

Warships

基本参数

满载排水量	18474吨
全长	180米
全宽	26米
吃水	8.2米
最高航速	22节
续航距离	6000海里
舰员	667人
发动机功率	17151千瓦
舰载机数量	25架

“塔拉瓦”级两栖攻击舰

“塔拉瓦”（Tarawa）级攻击舰是美国于20世纪70年代研制的大型通用两栖攻击舰，共建造了5艘，于1976年服役至今。

“塔拉瓦”级舰采用通长甲板，甲板下为机库，其外形与二战时期的航空母舰类似。“塔拉瓦”级舰的主要任务是负责运载海军陆战队的一个加强营（约2000人）及其装备，以支援登陆作战。由于舰上还装有指挥控制设备以及先进的电子设备，因此，“塔拉瓦”级舰还可以充当指挥舰的角色。

“塔拉瓦”级舰还装备有对空导弹、机载空舰导弹和近防武器系统，以及直升机和垂直短距起降飞机，形成远、中、近结合和高、中、低一体的作战体系，具有防空、反舰和对岸火力支援等能力。

英文名称：Tarawa Class Amphibious Assault Ship
研制国家：美国
生产数量：5艘
服役时间：1976年至今
主要用户：美国海军

Warships ★★★

基本参数

满载排水量	39967吨
全长	254米
全宽	40.2米
吃水	7.9米
最高航速	24节
续航距离	10000海里
舰员	1703人
发动机功率	52000千瓦
舰载机数量	50架

“黄蜂”级两栖攻击舰

“黄蜂”（Wasp）级攻击舰是基于“塔拉瓦”级两栖攻击舰设计建造的一级多用途两栖攻击舰，共建造了8艘，于1989年服役至今。

“黄蜂”级攻击舰相较于“塔拉瓦”级能使用更先进的舰载机和登陆艇。“黄蜂”级几乎能运输一整支美国海军陆战队远征部队，并通过登陆艇或直升机在敌方领土纵深或前沿作战。

“黄蜂”级攻击舰的机库面积达1394平方米，有3层甲板高，可存放28架CH-46E直升机。飞行甲板上还可停放14架CH-46E或9架CH-53E直升机。舰艉部机库甲板下面是长为81.4米的坞舱，可运载12艘LCM6机械化登陆艇或3艘LCAC气垫登陆艇。坞舱前面是一个两层车辆舱，可装载坦克、车辆约200辆。

英文名称：Wasp Class Amphibious Assault Ship

研制国家：美国

生产数量：8艘

服役时间：1989年至今

主要用户：美国海军

Warships ★★★

基本参数	
满载排水量	40500吨
全长	253.2米
全宽	31.8米
吃水	8.1米
最高航速	22节
续航距离	9500海里
舰员	1077人
发动机功率	33849千瓦
舰载机数量	28架

“美利坚”级两栖攻击舰

“美利坚”（America）级攻击舰是美国正在建造的最新一级两栖攻击舰，计划建造11艘。

“美利坚”级两栖攻击舰主要作为两栖登陆作战中空中支援武力的投射平台，完全取消了坞舱，取而代之的是更加宽敞的飞行甲板。相较于过去的两栖攻击舰，“美利坚”级拥有更大的机库、经重新安排与扩大的航空维修区、大幅扩充储存空间以及更大的油料库。

“美利坚”级两栖攻击舰的典型飞机配置是12架MV-22B“鱼鹰”运输机，6架可短距起降的F-35B“闪电”Ⅱ战斗机，4架CH-53K“超级种马”重型运输直升机，7架AH-1Z“超级眼镜蛇”武装直升机（或UH-1Y“毒液”）和2架MH-60S“海鹰”来提供空、海救援。具体的配置可根据任务的不同而改变。它还可以搭载20架F-35B和2架MH-60S以轻型航空母舰的身份参与战斗。

英文名称：America Class Amphibious Assault Ship

研制国家：美国

生产数量：11艘（计划）

服役时间：尚未服役

主要用户：美国海军

Warships

基本参数

同级数量	11艘（计划）
满载排水量	45570吨
全长	257.3米
全宽	32.3米
吃水	8.7米
最高航速	20节
续航距离	9500海里
舰员	2746人
发动机功率	52200千瓦
舰载机数量	38架

“沃森”级车辆运输舰

“沃森”（Watson）级运输舰是美国于20世纪90年代建造的车辆运输舰，于1997年7月26日下水，1998年6月23日正式服役。

“沃森”级是专门建造的运输舰，可以执行战略预置任务，也能为美军在全球的军事行动提供装备运输能力，保障美军在应付全球突发事件时能够重新部署。

美国军事海运司令部所属的19艘大型中速滚装船中就编有一艘“沃森”级运输舰，同时还有一艘“沃森”级运输舰是执行战略预置任务的33艘运输舰中的一员。

英文名称：Watson Class Amphibious Assault Ship

研制国家：美国

生产数量：8艘

服役时间：1998年至今

主要用户：美国海军

Warships

基本参数	
满载排水量	63649吨
全长	289.6米
全宽	32.8米
吃水	10.4米
最高航速	24节
续航距离	12000海里
舰员	30人
发动机功率	47725千瓦

“尼奥绍”级油料补给舰

“尼奥绍”（Neosho）级补给舰是美国海军于20世纪50年代建造的油料补给舰，共建造了6艘，于1954～1994年间服役。

“尼奥绍”级的动力装置为2座锅炉和2台涡轮主机，双轴推进。自卫武器为2门127毫米38倍径炮、6门76.2毫米50倍径炮。

“尼奥绍”级首舰“尼奥绍”号是当时世界上第一艘结合高速与高酬载的油料补给舰，“尼奥绍”号服役后被编入大西洋舰队的勤务舰队，此后便轮流部署于第二舰队（大西洋）与第六舰队（地中海）。“尼奥绍”号曾在1956年的苏伊士运河危机中支援第六舰队，1962年参与封锁古巴的任务，以及1965年美国介入多米尼加共和国动乱的电力组行动。

英文名称：
Neosho Class Fleet Oiler

研制国家：美国

生产数量：6艘

服役时间：1954～1994年

主要用户：美国海军

Warships

基本参数

满载排水量	38000吨
全长	199.6米
全宽	26.2米
吃水	10.7米
最高航速	20节
续航距离	8300海里
舰员	214人
发动机功率	22670千瓦

“亨利·J·恺撒”级油料补给舰

“亨利·J·恺撒”（Henry J. Kaiser）级补给舰是美国海军最新型的油料补给舰，共建造了16艘，于1986年服役至今。

“亨利·J·恺撒”级油料补给舰的动力装置为2台柴油机。舰上共12个柴油舱，3个汽轮机燃料油舱，3个机动舱，5个沉淀舱，船两侧有8个压载水舱，前甲板有1个干货舱，驾驶台前部有8个6立方米冷藏柜，共可载油料18万桶和部分干货。该级舰共设8个海上补给站，其中6个液货站，2个干货站，柴油的补给速度为3406立方米/小时，汽轮机燃料油的补给速度为2044立方米/小时。船上武器装备为2门6管20毫米炮，2座6管干扰火箭发射器，另可搭载1架直升机。

英文名称：
Henry J. Kaiser Class Fleet Oiler

研制国家：美国

生产数量：16艘

服役时间：1986年至今

主要用户：美国海军

基本参数

满载排水量	31200吨
全长	206.7米
全宽	29.7米
吃水	10.5米
最高航速	20节
续航距离	10000海里
舰员	113人
发动机功率	25683千瓦

“萨克拉门托”级快速战斗支援舰

“萨克拉门托”（Sacramento）级快速战斗支援舰建造于20世纪60年代，有“萨克拉门托”号、“坎登”号、“西雅图”号和“底特律”号4艘同级舰。

“萨克拉门托”级采用平甲板型结构，货舱、弹药舱及油舱均设在露天甲板以下。露天甲板以上部分是舰艏区，安装有防卫作战武器，舰艉为直升机平台，可搭载2架CH-46E“海骑士”直升机。在舰艏区之后和舰艉直升机平台之前，是前后两段上层建筑，驾驶室、军官居住舱以及医院等设在前部上层建筑内，布满雷达天线和其他天线的主桅杆紧跟其后。士兵居住舱、火控室和直升机库等设在后部上层建筑内，烟囱位于后部上层建筑的前面稍靠右侧。舰中部是繁杂的补给作业区，有6个大型补给门架，在这里配备有多种先进的航行补给系统，左右两舷可同时对两侧的作战舰艇实施航行补给。

英文名称：
Sacramento Class Support Ship

研制国家：美国

生产数量：4艘

服役时间：1964～2005年

主要用户：美国海军

Warships

★★★

基本参数

满载排水量	53000吨
全长	242.3米
全宽	32.6米
吃水	11.9米
最高航速	26节
续航距离	10000海里
舰员	600人
发动机功率	75000千瓦

“供应”级快速战斗支援舰

“供应”（Supply）级支援舰是美国于20世纪80年代建造的新一级快速战斗支援舰，共建造了4艘，于1994年服役至今。

“供应”级支援舰的排水量较“萨克拉门托”级稍小。全焊接平甲板结构，斜艏柱带球鼻型艏，方尾。上层建筑分设在船前、后部，补给装置设置在中部，艉部有直升机甲板和机库。有4个干货舱，货物传输快捷，每个舱有2部升降机和一些货盘传送机，舱内和甲板上还有运货叉车。能携带3架UH-46E“海上骑士”直升机，用直升机进行垂直补给。该级舰具备高速航行能力，不对航母战斗群的战术机动速度造成影响。

“供应”级主要与航空母舰编队和巡洋舰编队一起活动，其最大航速达25节。快速战斗支援舰主机一般采用柴油机，而“供应”级由于航速要求高，要求总功率大，所以采用4台LM-2500燃汽轮机。

英文名称：Supply Class Fast Combat Support Ship

研制国家：美国

生产数量：4艘

服役时间：1994年至今

主要用户：美国海军

Warships

基本参数

满载排水量	48800吨
全长	229.7米
全宽	32.6米
吃水	11.6米
最高航速	25节
续航距离	6000海里
舰员	219人
发动机功率	78000千瓦

“仁慈”级医疗船

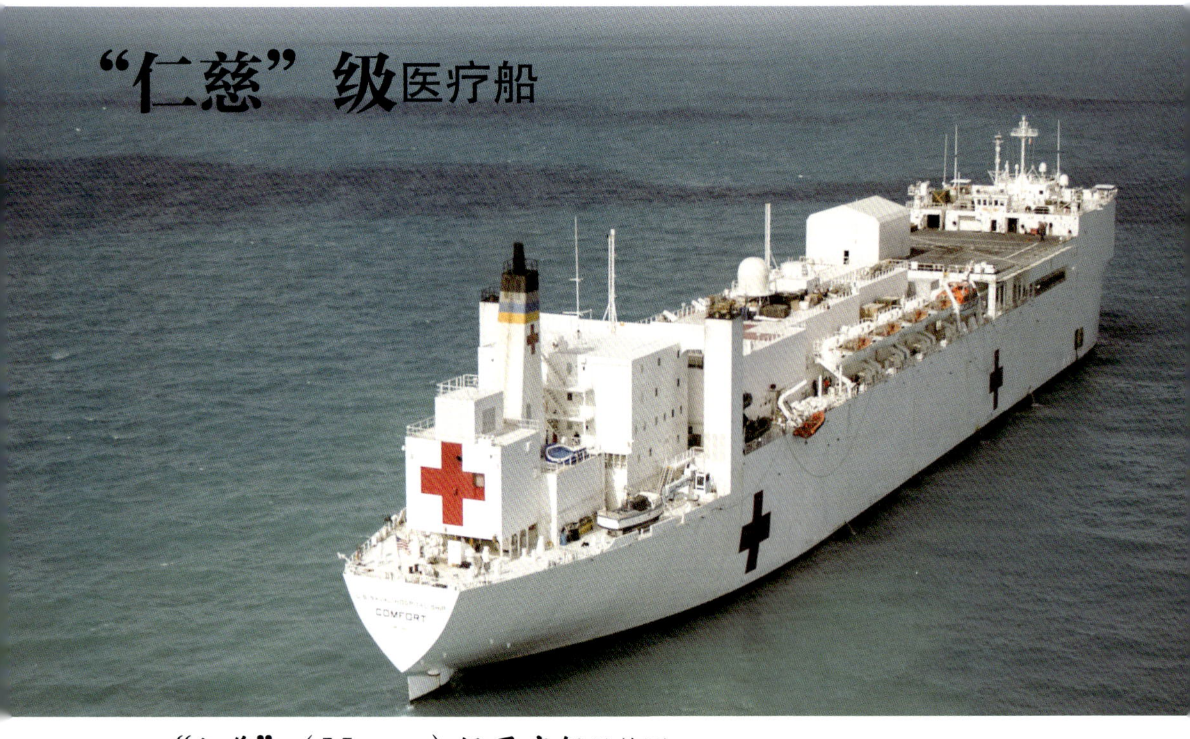

“仁慈”（Mercy）级医疗船是美国于20世纪70年代建造的医疗船，共建造了2艘，于1986年服役至今。

“仁慈”级医疗船的医疗设施先进而齐全，设有接收分类区、手术区、观察室、病房、放射科、化验室、药房、医务保障等区域，并有血库、牙医室、理疗中心等。舰上总共有病床1000张。船上配备医务人员1207名，其中高级医官9名。此外还有船务人员68名。平时船上只留少数人员值勤，一旦接到命令，5天内就可完成医疗设备的配置和检修，并装载所需物资和15天的给养，同时配齐各级医护人员。

英文名称： USNS Mercy

研制国家： 美国

生产数量： 2艘

服役时间： 1986年至今

主要用户： 美国海军

Warships

★★★

基本参数

满载排水量	69360吨
全长	272.5米
全宽	32.18米
吃水	10米
最高航速	17.5节
续航距离	13420海里
舰员	1280人
发动机功率	18300千瓦

“保卫”级打捞救生船

“保卫”（Safeguard）级救生船是美国海军在20世纪80年代服役的打捞救生船，共建造了4艘。

“保卫”级救生船的动力装置为4台柴油机。船艏部有一部推力器，以保证有良好的操纵性。为适应打捞救生，船上设置了一个处理有关潜水事故的减压室及最新最先进的起重设备、拖曳设备和潜水设备。该船能以5节航速单独拖曳1艘“尼米兹”级航母。“保卫”级救生船装有一部SPS-64导航雷达，并配有计算机化的避碰系统，能自动跟踪 20个不同的、距离达76千米的水面目标，给出它们的准确位置、航速以及相遇的最近点。

英文名称：

Safeguard Class Lifeboat

研制国家：美国

生产数量：4艘

服役时间：1985～2007年

主要用户：美国海军

Warships

★★★

基本参数

满载排水量	3282吨
全长	77米
全宽	15.5米
吃水	5.04米
最高航速	15节
续航距离	17500海里
舰员	100人
发动机功率	3000千瓦

“白鱼”级常规潜艇

“白鱼”（Barbel）级潜艇是美国于20世纪50年代研制的常规动力潜艇，共建造3艘，于1959～1990年间服役。

“白鱼”级潜艇以“青花鱼”级研究潜艇唯一的“青花鱼”号为设计基础，所以，它算是世界上最早实际采用水滴形船体的作战潜艇，也率先将航管指挥中心配置在船体内，不同于过去的在指挥塔。“白鱼”级的艇体采用3.81厘米厚的HY-80高强化钢材，使潜艇的一般潜航深度在215米，容许的最大潜航深度达320米。

美军根据使用经验得出，冷战时期使用水滴形舰身设计的“白鱼”级潜艇是非常成功的，所以1959年将该级舰设计资料转移给荷兰与日本，荷兰开发出“旗鱼”级潜舰，日本则开发出“涡潮”级潜艇。

英文名称：
Barbel Class Submarine

研制国家：美国

生产数量：3艘

服役时间：1959～1990年

主要用户：美国海军

Warships

★★★

基本参数

满载排水量	2637吨
全长	66.9米
全宽	8.8米
吃水	7.6米
潜航速度	25节
潜航深度	320米
续航距离	14000海里
艇员	77人

“鹦鹉螺”级攻击型核潜艇

“鹦鹉螺”（Nautilus）级“鹦鹉螺”号是美国建造的世界上第一艘攻击型核潜艇。该级仅建造了1艘，于1954～1980年间服役。

“鹦鹉螺”号核潜艇的耐压艇体内总共分为6个舱室，其布置顺序从艇艏至艇艉依次是鱼雷舱、居住舱、作战指挥舱、反应堆舱、主机舱和艉舱。其中，鱼雷舱装备有6座533毫米鱼雷发射管，装载着一定数量的鱼雷。该艇总重2800吨，远超旧式潜艇，整个核动力装置占船身的一半左右。它能在最大航速下连续航行50天、全程3万千米而不需要加任何燃料。与当时的普通潜艇相比，它的航速大约快了一半。

“鹦鹉螺”号核潜艇于1952年6月14日在康涅狄格州格罗顿港开工制造，1954年9月30日服役，1955年1月17日正式启程出海。1980年3月3日退役，1985年被运至格罗顿潜艇博物馆作为历史文物展出。

英文名称：Nautilus Class Nuclear-powered Submarine

研制国家：美国

生产数量：1艘

服役时间：1954～1980年

主要用户：美国海军

基本参数

满载排水量	4200吨
全长	103.2米
全宽	8.5米
吃水	6.7米
潜航速度	23节
潜航深度	300米
续航距离	5300海里
艇员	101人

“鳐鱼”级攻击型核潜艇

“鳐鱼”（Skate）级核潜艇是美国海军初次批量生产的核潜艇，共建造了4艘，于1957～1989年间服役。

“鳐鱼”级核潜艇的动力装置采用了美国当时新研制的S3W或S4W压水反应堆，该反应堆采用蒸汽透平减速齿轮推进方式，噪音较小。但由于追求小型化而降低了航速，后来这种反应堆再也没有安装到别的核潜艇上。“鳐鱼”级潜艇鱼雷发射管的设置在美国来说也不多见，除艇艏有6座533毫米鱼雷管外，艇艉也有2座533毫米鱼雷管。

英文名称：Skate Class Nuclear-powered Submarine

研制国家：美国

生产数量：4艘

服役时间：1957～1989年

主要用户：美国海军

Warships

★★★

基本参数

满载排水量	2850吨
全长	81.6米
全宽	7.6米
吃水	6.5米
潜航速度	22节
潜航深度	210米
续航距离	接近无限
艇员	84人

“海神”级攻击型核潜艇

“海神”（Triton）级核潜艇是美国海军于1956年开始建造的核潜艇，仅建造了1艘，于1959～1969年间服役。

1960年2月16日14时20分，“海神”号核潜艇从大西洋上的圣彼得和圣保罗礁出发，开始了人类史上前所未有的环球水下航行。潜艇离开码头5个小时后开始下潜，5月10日，“海神”号在特拉华州沿岸附近第一次全部浮出水面。至此，“海神”号水下航行已有83天零10个小时，航程达3.642万海里。之后，美国正式向全世界宣布了这次水下环球航行成功的消息。

英文名称：Triton Class Nuclear-powered Submarine

研制国家：美国

生产数量：1艘

服役时间：1959～1969年

主要用户：美国海军

基本参数

满载排水量	7898吨
全长	136.4米
全宽	11米
吃水	7.2米
潜航速度	27节
潜航深度	200米
续航距离	接近无限
艇员	172人

“鲣鱼”级攻击型核潜艇

“鲣鱼”（Skipjack）级核潜艇是美国研制的第二代攻击型核潜艇，共建造了6艘，于1959～1991年间服役。

“鲣鱼”级核潜艇是世界上首级采用水滴形壳体的核潜艇，大大提高了水下航速。该级艇使用1座S5W压水堆和2台蒸汽轮机，单轴推进。S5W压水反应堆由S3W型和S4W型发展而来，因效率更高，整体体积变小。武器装备方面，“鲣鱼”级核潜艇装有6座533毫米鱼雷发射管，使用Mk48型鱼雷。

“鲣鱼”级核潜艇在1955～1961年间共建成服役6艘，除“蝎子”号1968年5月22日因事故沉没于大西洋亚速尔群岛附近，其余5艘于1986～1991年相继退役。

英文名称：Skipjack Class Nuclear-powered Submarine

研制国家：美国

生产数量：6艘

服役时间：1959～1991年

主要用户：美国海军

基本参数

满载排水量	3513吨
全长	77米
全宽	9.7米
吃水	7.4米
潜航速度	33节
潜航深度	210米
续航距离	接近无限
艇员	90人

“大比目鱼”级攻击型核潜艇

“大比目鱼”（Halibut）级核潜艇是美国海军于20世纪50年代建造的试验用核潜艇，仅建造了1艘，于1960～1976年间服役。

“大比目鱼”号是美国第一艘巡航导弹核潜艇，可装载3枚重11吨、超音速飞行，射程1852千米的“天狮星”Ⅱ型导弹，或5枚“天狮星”Ⅰ型导弹。由于当时水下发射技术没有解决，仍采用水面状态发射。当1959年第一艘弹道导弹核潜艇“乔治·华盛顿”号建成后，美国终止了巡航导弹核潜艇的研发。为此，“大比目鱼”号在1965年拆除了导弹设备，改为攻击核潜艇。

英文名称：Halibut Class nuclear-powered submarine

研制国家：美国

生产数量：1艘

服役时间：1960～1976年

主要用户：美国海军

Warships

基本参数

满载排水量	5000吨
全长	110米
全宽	8.8米
吃水	8.5米
潜航速度	20节
潜航深度	220米
续航距离	接近无限
艇员	97人

“白鲑鱼”级攻击型核潜艇

“白鲑鱼”（Tullibee）级核潜艇是世界上第一种专职反潜作战的核潜艇，仅建造了1艘，于1960～1988年间服役。

“白鲑鱼”号是美国海军首艘装备AN/BQQ声呐系统的潜艇，这是当时最先进的水底侦察设备。“白鲑鱼”号也是第一种将鱼雷发射管布置在艇中部的潜艇，这样设计是为了给艇艏的大型球形声呐提供足够的空间。此外，该艇还是第一次使用核动力、汽涡轮机、辅助推进电机相结合的推进系统的核潜艇。

英文名称：Tullibee Class Nuclear-powered Submarine
研制国家：美国
生产数量：1艘
服役时间：1960～1988年
主要用户：美国海军

Warships

基本参数

满载排水量	2607吨
全长	83.2米
全宽	7.2米
吃水	6.4米
潜航速度	213节
潜航深度	220米
续航距离	接近无限
舰员	66人

“长尾鲨”级攻击型核潜艇

“长尾鲨”（Permit）级核潜艇是美国研制的第三代攻击核潜艇，共建造了13艘，于1961～1994年间服役。

“长尾鲨”级虽然也采用与“鲣鱼”级相似圆柱断面的水滴流线形舰壳，但是该级艇采用效率与静音性能较佳的单轴设计，并使用十字艉舵、置于帆罩上的前水平翼，其流线、流体动力学效应更佳，使得两者虽然都采用相同的S5W反应器，但体型较大的“长尾鲨”级仍能维持30节之航速，也降低了水流的噪音。当然，圆形断面构型的潜艇虽然高速性能较传统类船型构型潜艇佳，但是操控性与稳定性则逊于后者。

“长尾鲨”级首创在舰艏装置大型球型主动声呐系统（BQQ-2），声呐基阵的直径由4米增至6米，大幅强化侦测能力，在复杂的猎潜作战中较为有利。由于球型声呐占满了舰艏，鱼雷管便向后移至两侧，从侧面以10度斜向伸出。

英文名称：Permit Class Nuclear-powered Submarine

研制国家：美国

生产数量：13艘

服役时间：1961～1994年

主要用户：美国海军

Warships

基本参数

满载排水量	4312吨
全长	84.9米
全宽	9.6米
吃水	7.7米
潜航速度	28节
潜航深度	396米
续航距离	接近无限
艇员	112人

“鲟鱼”级攻击型核潜艇

“鲟鱼”（Sturgeon）级核潜艇是美国研制的第四代攻击核潜艇，共建造了37艘，于1967～2004年间服役。

“鲟鱼”级核潜艇采用先进的水滴形艇型，但艇体比以往的攻击型潜艇大，指挥台围壳较高，围壳舵的位置较低，这样可提高潜艇在潜望镜深度的操纵性能。“鲟鱼”级核潜艇可在北极冰下活动，装有一部探冰声呐。为了有利于上浮时破冰，可将围壳舵折起。

“鲟鱼”级核潜艇上装有4具鱼雷发射管，可发射“战斧”巡航导弹、“捕鲸叉”反舰导弹、“萨布洛克”反潜导弹和Mk48鱼雷，位于艇中的4具鱼雷发射管可发射Mk48鱼雷、“鱼叉”潜射反舰导弹以及“战斧”对陆攻击型和反舰型巡航导弹，总数为23枚。除此之外，鱼雷管还可装Mk67或Mk60水雷。“鲟鱼”级原本装有“萨布洛克”反潜导弹，后由于该导弹的逐步被淘汰，而换装了“战斧”导弹。

英文名称：Sturgeon Class Nuclear-powered Submarine
研制国家：美国
生产数量：37艘
服役时间：1967～2004年
主要用户：美国海军

Warships

★★★

基本参数

满载排水量	4640吨
全长	89.1米
全宽	9.7米
吃水	9.1米
潜航速度	26节
潜航深度	400米
续航距离	接近无限
艇员	107人

“独角鲸”级攻击型核潜艇

“独角鲸”（Narwhal）级核潜艇是美国海军建造的降噪研究艇，仅建造了1艘，于1969～1999年间服役。

“独角鲸”号在艇体结构上与“鲟鱼”级核潜艇相似，但艇艏更为尖瘦，艇体更长。“独角鲸”号的主要武器是4座533毫米鱼雷发射管，原来主要发射鱼雷和“萨布洛克”反潜导弹，“萨布洛克”导弹被淘汰后，可发射4枚“鱼叉”导弹，经改装后，可携载8枚对地攻击型“战斧”巡航导弹。此外，它还一直配有2部Mk2诱饵发射器。“独角鲸”号装备了一座当时新研制的S5G型压水反应堆，七叶螺旋桨，单轴推进。

“独角鲸”号核潜艇动力装置采用2台1752千瓦柴油发动机，水面速度32.2千米/小时，潜行航速12千米/小时，下潜深度90米。

英文名称：Narwhal Class Nuclear-powered Submarine
研制国家：美国
生产数量：1艘
服役时间：1969～1999年
主要用户：美国海军

Warships

基本参数

满载排水量	5293吨
全长	95.7米
全宽	10米
吃水	9.4米
潜航速度	25节
潜航深度	400米
续航距离	接近无限
艇员	107人

“洛杉矶”级攻击型核潜艇

“洛杉矶”（Los Angeles）级核潜艇是美国研制的第五代攻击核潜艇，共建造了62艘，于1976年服役至今。

“洛杉矶”级核潜艇在舰体中部设有4座533毫米鱼雷发射管，可发射“鱼叉”反舰导弹、“萨布洛克”反潜导弹、“战斧”巡航导弹以及传统的线导鱼雷等。从“普罗维登斯”号开始的后31艘潜艇又加装了12座垂直发射器，可在不减少其他武器数量的情况下，增载12枚“战斧”巡航导弹。此外，该级艇还具备布设Mk67触发水雷和Mk60“捕手”水雷的能力。“洛杉矶”级核潜艇具有完善的电子对抗设备，能干扰和躲避敌人的音响鱼雷，并装备了先进的综合声呐，最大探测距离可达180千米。该级潜艇较好地处理了高速与安静的关系，使潜艇的最大航速在降低噪音的基础上达到最佳。

英文名称：Los Angeles Class Nuclear-powered Submarine

研制国家：美国

生产数量：62艘

服役时间：1976年至今

主要用户：美国海军

Warships

★★★

基本参数

满载排水量	6927吨
全长	110.3米
全宽	10米
吃水	9.9米
潜航速度	32节
潜航深度	500米
续航距离	接近无限
艇员	133人

“海狼”级攻击型核潜艇

“海狼”（Seawolf）级核潜艇是美国在冷战末期研制的攻击型核潜艇，共建造了3艘，于1997年服役至今。

“海狼”级核潜艇在动力装置、武器装备和探测器材等设备方面堪称世界一流。该级艇外形为长宽比7.7：1的水滴形，接近最佳长宽比。下潜深度达到了610米，原因在于它的艇壳使用的材料是HY-00高强度钢。艇艏声呐罩为钢制，提高了防冰层破坏能力，围壳舵改为可伸缩艏水平舵，同时采用Y级艉舵。它配有能透过冰层的侦测装置，可在北极冰下海区执行作战任务。

“海狼”级核潜艇大量应用了隐身技术。它首次采用液压泵喷射推进器，艇体表面敷贴消声瓦，各种升降装置敷有雷达波吸收涂层，对产生噪音的设备采用先进的隔振降噪措施等，使其隐身性能极为突出，噪音水平仅为“洛杉矶”级改进级潜艇的1/10，是第一代“洛杉矶”级核潜艇的1/70。

英文名称：Seawolf Class Nuclear-powered Submarine

研制国家：美国

生产数量：3艘

服役时间：1997年至今

主要用户：美国海军

Warships

★★★

基本参数

满载排水量	9142吨
全长	107.6米
全宽	12.2米
吃水	10.7米
潜航速度	35节
潜航深度	610米
续航距离	接近无限
艇员	133人

“弗吉尼亚”级攻击型核潜艇

“弗吉尼亚”（Virginia）级核潜艇是美国海军在建的最新一级多用途攻击型核潜艇，计划建造30艘。

“弗吉尼亚”级核潜艇仍然采用圆柱形水滴流线舰体，直径与“洛杉矶”级核潜艇相近。由于沿用了许多“海狼”级核潜艇的研发成果，许多外形特征，如前方具有弯角造型的帆罩、舰艏伸缩水平翼、两侧各三个宽孔径被动阵列声呐的听音数组、六片式尾翼以及艉端水喷射推进器等，都与“海狼”级核潜艇一模一样，因此从外观看起来就像“海狼”级核潜艇的缩小版。

“弗吉尼亚”级核潜艇装备有12 个“战斧”巡航导弹的垂直发射筒，可发射射程为2500千米的对陆攻击型“战斧”巡航导弹，能够对陆地纵深目标实施打击。该级潜艇还装备了4座533毫米鱼雷发射管，发射管具有涡轮气压系统，免除了发射前需要注水而会产生噪音的老问题。

英文名称：Virginia Class Nuclear-powered Submarine

研制国家：美国

生产数量：30艘（计划）

服役时间：2004年至今

主要用户：美国海军

Warships

★★★

基本参数

满载排水量	7928吨
全长	115米
全宽	10.4米
吃水	10.1米
潜航速度	30节
潜航深度	600米
续航距离	接近无限
艇员	134人

“乔治·华盛顿”级弹道导弹核潜艇

“乔治·华盛顿”（George Washington）级核潜艇是美国第一代弹道导弹核潜艇，共建造了5艘，于1959～1985年间服役。

“乔治·华盛顿”级核潜艇庞大的上层建筑，是其外观上最明显的特征，从指挥台围壳前一直向艇艉延伸，覆盖着16个弹道导弹发射筒。潜艇艏部为半球形，其上部布置着AN/BQS-4主动声呐基阵，下部布置着AN/BQR-2B被动声呐基阵。该级艇的指挥台围壳较大，围壳后部安装了3个潜望镜、雷达升降装置、电子对抗设备的升降装置、鞭状天线、无线电六分仪升降装置以及通气管升降装置的进气管等，围壳上装有围壳舵。“乔治·华盛顿”级弹道导弹核潜艇总共建造了5艘，都编入第14潜艇中队，以苏格兰的霍利湾为基地执行在北大西洋方面的非战时巡逻任务。

英文名称：George Washington Class Nuclear-powered Submarine

研制国家：美国

生产数量：5艘

服役时间：1959～1985年

主要用户：美国海军

Warships

★★★

基本参数

满载排水量	6880吨
全长	116.3米
全宽	10.1米
吃水	8.8米
潜航速度	24节
潜航深度	213米
续航距离	接近无限
艇员	132人

“伊桑·艾伦”级弹道导弹核潜艇

“伊桑·艾伦”（Ethan Allen）级核潜艇是美国第二代弹道导弹核潜艇，共建造了5艘，于1961～1992年间服役。

“伊桑·艾伦”级核潜艇的耐压艇体采用了HY-80高强度钢，使其最大下潜深度可以达到300米。这个下潜深度成为其后美国海军各种型号弹道导弹核潜艇的标准下潜深度。在武器装备方面，该级艇装有4座533毫米鱼雷发射管，分为左右各2座布置，每舷的2座鱼雷发射管共用一个液压缸。导弹舱内装有16枚“北极星”A2弹道导弹，后改装“北极星”A3型导弹。“伊桑·艾伦”级核潜艇配备AN/BQR-7、AN/BQS-4B、AN/BQR-2B等声呐。自1963年起，美国海军对“伊桑·艾伦”级核潜艇进行改装之后，每艘潜艇的艏部又加装了一个声呐导流罩。

英文名称：Ethan Allen Class Nuclear-powered Submarine

研制国家：美国

生产数量：5艘

服役时间：1961～1992年

主要用户：美国海军

Warships ★★★

基本参数

满载排水量	7900吨
全长	125米
全宽	10.1米
吃水	9.8米
潜航速度	21节
潜航深度	300米
续航距离	接近无限
艇员	130人

“拉斐特”级弹道导弹核潜艇

“拉斐特”（Lafayette）级核潜艇是美国研制的第三代弹道导弹核潜艇，共建造了9艘，于1963～1994年间服役。

“拉斐特”级核潜艇除装备16枚弹道导弹外，还携载12枚鱼雷用于自卫，均由位于艇艏的4座533毫米鱼雷发射管发射。“拉斐特”级前8艘装备的是16枚“北极星”A2导弹，后23艘装备“北极星”A3导弹。

“拉斐特”级核潜艇装备了3种推进装置。第一种是主推进装置，它是二级减速齿轮、七轮机组，通过减速齿轮带动直径约4.27米的7叶螺旋桨。利用主推进装置可进行水下高速航行，最高航速可达25节。第二种是一台辅助推进电机，它驱动一个可以旋转360度的小型螺旋桨。在不使用时，这个小螺旋桨收在艇内。这种推进装置主要在主机发生故障或进出港口、停靠码头以及低速航行时使用，低速航行时最高航速4节。第三种是应急推进装置，即一台舷侧电机，带动主轴并驱动螺旋桨。

英文名称：Lafayette Class Nuclear-powered Submarine

研制国家：美国

生产数量：9艘

服役时间：1963～1994年

主要用户：美国海军

Warships

★★★

基本参数

满载排水量	8250吨
全长	129.5米
全宽	10.1米
吃水	10米
潜航速度	25节
潜航深度	300米
续航距离	接近无限
艇员	143人

“俄亥俄”级弹道导弹核潜艇

“俄亥俄”（Ohio）级核潜艇是美国发展的第四代弹道导弹核潜艇，共建造了18艘，于1981年服役至今。

“俄亥俄”级核潜艇为单壳型舰体，外形近似于水滴形，长宽比为13∶1。舰体艏、艉部是非耐压壳体，中部为耐压壳体。耐压壳体从舰艏到舰艉依次分为指挥舱、导弹舱、反应堆舱和主辅机舱四个大舱。其中指挥舱分上、中、下三层，上层包括指挥室、无线电室和航海仪器室。中层前部为生活舱，后部为导弹指挥室。下层布置4座鱼雷发射管。

每艘“俄亥俄”级核潜艇设有24个垂直导弹发射筒，其中前8艘装载“三叉戟”Ⅰ型导弹，到第9艘“田纳西”号时则改为“三叉戟”Ⅱ型导弹，前8艘后来也改用“三叉戟”Ⅱ型导弹。此外，被改装成巡航导弹核潜艇的4艘“俄亥俄”级核潜艇则改用“战斧”常规巡航导弹。

英文名称： Ohio Class Nuclear-powered Submarine

研制国家： 美国

生产数量： 18艘

服役时间： 1981年至今

主要用户： 美国海军

Warships

基本参数

满载排水量	18750吨
全长	170米
全宽	13米
吃水	11.8米
潜航速度	20节
潜航深度	240米
续航距离	接近无限
艇员	155人

苏联/俄罗斯舰船

俄罗斯联邦海军舰队（简称俄罗斯海军）是苏联解体后接管自苏联海军的舰队、岸上机构和设施而成立的部队。自1696年组建以来，俄罗斯海军已经有300多年的历史。俄罗斯海军拥有太平洋舰队、北方舰队、波罗的海舰队、黑海舰队和里海独立区舰队5个舰队。每个舰队都有6个兵种：潜艇、海军航空兵、水面舰艇、海军特种作战任务兵、海岸导弹炮兵、海军陆战队。

苏联“恰巴耶夫”级巡洋舰

“恰巴耶夫”（Chapayev）级巡洋舰是苏联20世纪30年代末设计的一款轻型巡洋舰，由海军上将造船厂、波罗的海造船厂、尼古拉耶夫的61个公社社员造船厂和黑海造船厂建造，共建造5艘，于1941～1956年间服役。

“恰巴耶夫”级水线装甲带厚100毫米，主装甲甲板厚50毫米，主炮塔装甲厚175毫米，司令塔侧面装甲厚130毫米。“恰巴耶夫”级装备12门B-38型57倍口径152毫米舰炮，装在四座MK-5型三联装炮塔里，舰艏和舰艉的常规炮位上各有两座。B-38型舰炮单门重17.5吨，MK-5型炮塔重239吨，火炮全长8.95米，射速6.5发/分，最大射程23.7千米，身管寿命450发，俯仰角-5度～+45度，最大俯仰瞄速13度/秒，最大水平瞄速7度/秒。

英文名称：Chapayev Class Cruiser
研制国家：苏联
制造厂商：海军上将造船厂等
生产数量：5艘
服役时间：1941～1956年
主要用户：苏联海军

Warships

基本参数

满载排水量	14100吨
全长	199米
全宽	18.7米
吃水	6.9米
最高航速	33.4节
续航距离	6360海里
舰员	1164人
发动机功率	92000千瓦
舰载机数量	2架

苏联/俄罗斯"金达"级巡洋舰

"金达"（Kynda）级巡洋舰是苏联于20世纪60年代建造的导弹巡洋舰，一共建造了4艘，在1962～2002年间服役。

英文名称：Kynda Class Cruiser
研制国家：苏联
生产数量：4艘
服役时间：1962～2002年
主要用户：苏联海军、俄罗斯海军

"金达"级巡洋舰总体上采用长艏楼线型，舰艏尖瘦狭长，艏甲板向末端有小幅上翘，并有轻微外飘，艉部呈圆形。艏楼的长度大概占全舰总长的三分之二，并集中了大部分上层建筑。艏楼干舷较高，且于舰桥两侧起至艉楼甲板有明显的折角线。

"金达"级巡洋舰装有2座四联装SS-N-3反舰导弹发射装置，这种导弹的射程可达764千米。2座反舰导弹发射装置用搜索雷达可同时攻击两个目标。在上层建筑内还设计了专门的贮弹库，另存有8枚导弹，随时可以为SS-N-3反舰导弹发射装置进行二次装填。

Warships

基本参数

满载排水量	5500吨
全长	141.9米
全宽	15.8米
吃水	5.3米
最高航速	34节
续航距离	7000海里
舰员	390人
发动机功率	73550千瓦
舰载机数量	1架

苏联/俄罗斯“克里斯塔”Ⅰ级巡洋舰

“克里斯塔”（Kresta）Ⅰ级巡洋舰是苏联于20世纪60年代建造的导弹巡洋舰，一共建造了4艘，在1967～1994年间服役。

“克里斯塔”Ⅰ级巡洋舰主要用于反舰任务，采用双轴推进，装有2台蒸汽涡轮，4台锅炉。“克里斯塔”Ⅰ级巡洋舰的装甲为焊接钢板，防护能力较为出色。

“克里斯塔”Ⅰ级巡洋舰的主要武器包括2座双联装SS-N-3B型舰对舰导弹，2部双联装SA-N-1舰对空导弹，2部双联装57毫米80倍径舰炮，2部RBU6000反潜火箭深弹发射器，2部RBU1000反潜火箭深弹发射器，2部五联装553毫米鱼雷发射器。此外，该级舰还可搭载1架Ka-25直升机。

英文名称： Kresta Ⅰ Class Cruiser
研制国家： 苏联
制造厂商： 波罗的海造船厂
生产数量： 4艘
服役时间： 1967～1994年
主要用户： 苏联海军、俄罗斯海军

Warships

基本参数

满载排水量	7500吨
全长	155.6米
全宽	17米
吃水	6米
最高航速	34节
续航距离	10500海里
舰员	360人
发动机功率	75000千瓦
舰载机数量	1架

苏联 / 俄罗斯“克里斯塔”Ⅱ级巡洋舰

“克里斯塔”（Kresta）Ⅱ级巡洋舰是“克里斯塔”Ⅰ级的反潜改进型，一共建造了10艘，在1968～1993年间服役。

“克里斯塔”Ⅱ级巡洋舰装备新的SS-N-14“火石”反潜导弹、SA-N-3防空导弹及新的声呐，设有直升机飞行甲板和机库。

“克里斯塔”Ⅱ级巡洋舰的主要武器包括2座四联装SS-N-14反潜导弹，2座双联装SA-N-3舰空导弹（备弹72枚），2座双联装57毫米70倍径AK-725舰炮，4座30毫米AK-630近程防御武器系统，2座五联装533毫米鱼雷发射管。此外，该级舰还可搭载1架Ka-25直升机。

英文名称：Kresta Ⅱ Class Cruiser
研制国家：苏联
制造厂商：波罗的海造船厂
生产数量：10艘
服役时间：1968～1993年
主要用户：苏联海军、俄罗斯海军

Warships

★★★

基本参数

满载排水量	7535吨
全长	159米
全宽	17米
吃水	6米
最高航速	34节
续航距离	10500海里
舰员	380人
发动机功率	73550千瓦
舰载机数量	1架

苏联/俄罗斯“卡拉”级巡洋舰

“卡拉”（Kara）级巡洋舰是苏联第一级燃汽轮机巡洋舰，一共建造了7艘，于1973～2011年间服役。

“卡拉”级巡洋舰是在“克里斯塔”Ⅱ级巡洋舰的基础上改进而来的，所以外形与后者类似。“卡拉”级巡洋舰的舰艏前倾，中部干舷较低，两舷外张明显。中部有一个方形大烟囱，艉部为斜方形，向内推进。该级舰在其舰桥和中部塔桅之间插入了一个约15米长的舰体分段，大大改善了居住性，对于增设新武器和传感器也很有利。

“卡拉”级巡洋舰的首要任务是反潜，所以它装备的反潜兵器非常全面。远程反潜任务由1架Ka-25直升机担负，中近距离则依靠2座四联装SS-N-14远程反潜导弹发射装置。此外，它还有2座五联装533毫米鱼雷发射管、2座12管RBU-6000和2座6管RBU-1000反潜深弹发射装置起辅助反潜作用。

英文名称： Kara Class Cruiser
研制国家： 苏联
生产数量： 7艘
服役时间： 1973～2011年
主要用户： 苏联海军、俄罗斯海军

Warships

★★★

基本参数

满载排水量	9700吨
全长	173.2米
全宽	18.6米
吃水	6.8米
最高航速	32节
续航距离	9000海里
舰员	380人
发动机功率	89000千瓦
舰载机数量	1架

苏联 / 俄罗斯“基洛夫”级巡洋舰

“基洛夫”（Kirov）级巡洋舰是苏联建造的大型核动力巡洋舰，一共建造了4艘，1980年开始服役，目前仍装备于俄罗斯海军。

“基洛夫”级巡洋舰的舰型丰满，艏部明显外飘。宽敞的艉部呈方形，设有飞行甲板，下方是可容纳3架直升机的机库。舰体结构为纵骨架式，核动力装置和核燃料舱部位都有装甲。舰上安装2座压水堆和2台燃油过热锅炉，采用蒸汽轮机，双轴输出，2部四叶螺旋桨。

“基洛夫”级巡洋舰的上甲板装有20枚SS-N-19“花岗岩”反舰导弹，舰体后部有一门130毫米AK-130DP多用途双管舰炮。该级舰的防空火力主要由SA-N-6防空导弹、SA-N-9防空导弹、SA-N-4防空导弹和“卡什坦”近程防御武器系统组成。

英文名称：Kirov Class Cruiser
研制国家：苏联
制造厂商：波罗的海造船厂
生产数量：4艘
服役时间：1980年至今
主要用户：苏联海军、俄罗斯海军

Warships ★★★

基本参数	
满载排水量	26396吨
全长	251.2米
全宽	28.5米
吃水	9.4米
最高航速	31节
舰员	727人
发动机功率	100000千瓦
舰载机数量	3架

▲ “基洛夫”级巡洋舰侧面视角

▼ “基洛夫”级巡洋舰结构图

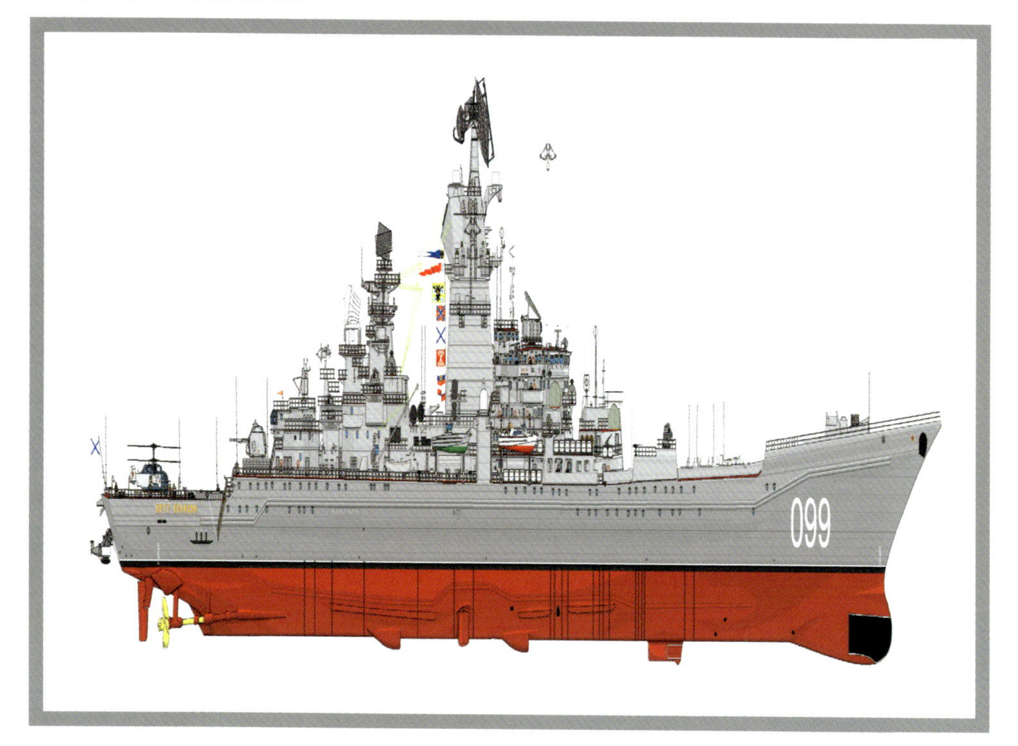

苏联 / 俄罗斯“光荣”级巡洋舰

“光荣”（Slava）级巡洋舰是苏联研制的常规动力巡洋舰，一共建造了3艘，从1982年服役至今，是世界上为数不多的现役巡洋舰之一。

“光荣”级巡洋舰采用了“三岛式”设计，上层建筑分艏、中、艉三部分，这种设计利于武器装备和舱室的均衡分布，可提高舰艇的稳定性。艏部上层建筑高5层，其后端与封闭的金字塔形主桅连成一体。该级舰还设有一个撑起的直升机平台，其宽度仅为舰宽的一半。

“光荣”级巡洋舰装备有威力强大的SS-N-12反舰导弹作为主要攻击武器。此外，还有用鱼雷管发射的T3-31或T3CT-96反潜反舰两用鱼雷以及53-68型核鱼雷，1座双联130毫米舰炮等反舰武器。“光荣”级巡洋舰还可搭载1架Ka-27或Ka-25反潜直升机。

英文名称：Slava Class Cruiser
研制国家：苏联
生产数量：3艘
服役时间：1982年至今
主要用户：苏联海军、俄罗斯海军

基本参数

满载排水量	11490吨
全长	186.4米
全宽	20.8米
吃水	8.4米
最高航速	32节
续航距离	6500海里
舰员	485人
发动机功率	97000千瓦
舰载机数量	1架

苏联/俄罗斯“莫斯科”级航空母舰

“莫斯科”（Moskva）级航空母舰是苏联第一代航空母舰，一共建造了2艘，在1967～1991年间服役。

“莫斯科”级航空母舰采用法国和意大利首先开创的混合式舰型，舰前半部为典型的巡洋舰布置，舰后半部则为宽敞的直升机飞行甲板，苏联自称为反潜巡洋舰。“莫斯科”级航空母舰的前甲板布满了各式武器系统，其中大部分为反潜武器。

“莫斯科”级航空母舰的舰艏有2具RBU6000反潜火箭发射器，其后为一具SUW-N-1反潜导弹发射器，再后为2具SA-N-3防空导弹发射器，舰桥两侧另有两座57毫米两用炮。

英文名称：
Moskva Class Aircraft Carrier

研制国家：苏联

生产数量：2艘

服役时间：1967～1991年

主要用户：苏联海军、俄罗斯海军

Warships

★★★

基本参数

满载排水量	17500吨
全长	189米
全宽	23米
吃水	13米
最高航速	31节
续航距离	14000海里
舰员	850人
发动机功率	75000千瓦
舰载机数量	3架

苏联/俄罗斯"基辅"级航空母舰

"基辅"（Kiev）级航空母舰是苏联第一种可以起降固定翼飞机的航空母舰，一共建造了4艘，在1975～1996年间服役。

与美国及西方的航空母舰拼命腾出空间停放飞机的设计理念不同，"基辅"级航空母舰的甲板面积中仅有60%用于飞机起飞和停放。该舰的飞行甲板长195米，宽20.7米。为对应垂直起降舰载机的起飞要求，飞机起飞点均使用了专门研制的甲板热防护层。

与美英航空母舰最大的不同是，"基辅"级航空母舰本身就是集火力与重型武装于一身，对舰载机依赖性较小。前甲板有重型舰载导弹装备，可对舰、对潜、对空进行攻击，是标准的巡洋舰武装。而左侧甲板则搭载舰载战斗机和反潜直升机。遗憾的是由于左侧甲板过短，Yak-38舰载战斗机实际上只能垂直起降，对甲板破坏极大加上事故频发而最终下舰，使得该级舰实际上又沦为普通直升机母舰的功能。

英文名称： Kiev Class Aircraft Carrier
研制国家： 苏联
制造厂商： 尼古拉耶夫造船厂
生产数量： 4艘
服役时间： 1975～1996年
主要用户： 苏联海军、俄罗斯海军

Warships ★★★

基本参数

满载排水量	43500吨
全长	274米
全宽	53米
吃水	10米
最高航速	32节
续航距离	13500海里
舰员	1600人
发动机功率	150000千瓦
舰载机数量	30架

“库兹涅佐夫”（Kuznetsov）号航空母舰是俄罗斯海军目前唯一服役的航空母舰，从1991年服役至今。

“库兹涅佐夫”号航空母舰的飞行甲板采用斜直两段式，斜角甲板长205米，宽23米，与舰体轴线成7度夹角，板后部安装了4道拦截索以及紧急拦阻网。飞行甲板右舷处则安装了两座甲板升降机，分别位于岛式舰桥的前后方。出于成本考虑，飞行甲板起飞段采用了上翘12度的滑跃式甲板，而非平面弹射器。

该舰的舰载机需要使用本身的引擎动力，冲上跳板完成升空。这种设计比起采用平面弹射器的航空母舰具备更高的飞机起飞角度和高度，所需要的操作人员较少，但也带来了舰载机设计难度大、起飞重量受限、对飞行员技术要求高等弊端。

英文名称：Kuznetsov Class Aircraft Carrier

研制国家：苏联

制造厂商：尼古拉耶夫造船厂

生产数量：1艘

服役时间：1991年至今

主要用户：苏联海军、俄罗斯海军

基本参数

满载排水量	67500吨
全长	306.3米
全宽	73米
吃水	11米
最高航速	32节
续航距离	9800海里
舰员	1500人
发动机功率	150000千瓦
舰载机数量	60架

“克里瓦克”级护卫舰

“克里瓦克”（Krivak）级护卫舰是苏联第一级现代化导弹护卫舰，一共建造了40艘，从1970年服役至今。

“克里瓦克”级护卫舰采用宽体结构，提高了整个平台的稳定性，便于使用武器，携带燃料及弹药均有明显增加。其舰体的长宽比达到8.82：1。该舰采用了全燃动力装置，舰上共装有4台燃汽轮机，2台为巡航机组，2台为加速机组。

“克里瓦克”级护卫舰的主要武器包括：2座四联装SS-N-25“明星”舰对舰导弹发射装置，2座双联装SA-N-4“壁虎”舰对空导弹发射装置，1座四联装SS-N-14“石英”反潜导弹发射装置，2座100毫米舰炮，2座6管30毫米舰炮，2座四联装533毫米鱼雷发射管，2座RBU6000型12管回转式反潜深弹发射装置。

英文名称： Krivak Class Frigate
研制国家： 苏联
制造厂商： 列宁格勒兹达诺夫造船厂
生产数量： 40艘
服役时间： 1970年至今
主要用户： 苏联海军、俄罗斯海军

Warships

★★★

基本参数

满载排水量	3575吨
全长	123.5米
全宽	14.1米
吃水	4.6米
最高航速	32节
续航距离	5000海里
舰员	200人
发动机功率	30000千瓦
舰载机数量	1架

“格里莎”级护卫舰

“格里莎”（Grisha）级护卫舰是苏联于20世纪70年代研制的导弹护卫舰，一共建造了80艘，有Ⅰ型、Ⅱ型、Ⅲ型和Ⅴ型四种型别。

“格里莎”级护卫舰的舰艏尖削，艏部甲板弧度上升较大，干舷明显升高，具有较好的耐波性。舰桥两侧与船舷相接，使后甲板受波浪影响较小。该舰采用柴燃联合动力装置，驱动三根轴：2台柴油机驱动2根舷侧轴，1台燃汽轮机驱动中间轴。

Ⅰ型舰上装有1座双联装SA-N-4舰空导弹、1门双管57毫米炮、2座双联装533毫米鱼雷发射管、2座12管RBU-6000型火箭深弹等。Ⅱ型取消了舰艏的SA-N-4型舰空导弹发射架，换装了第二座双管 57毫米炮。Ⅲ型则又恢复了舰艏的SA-N-4舰空导弹发射装置，并在舰艉甲板室上加装1座6管30毫米速射炮。Ⅴ型与Ⅲ型基本相同，仅将Ⅲ型舰艉的双管57毫米炮改为单管76毫米炮。

英文名称：Grisha Class Frigate
研制国家：苏联
制造厂商：杨塔尔造船厂
生产数量：80艘
服役时间：1971年至今
主要用户：苏联海军、俄罗斯海军

Warships

★★★

基本参数

满载排水量	1200吨
全长	71.6米
全宽	9.8米
吃水	3.7米
最高航速	34节
续航距离	4000海里
舰员	60人
发动机功率	14710千瓦

俄罗斯“猎豹”级护卫舰

“猎豹”（Gepard）级护卫舰是俄罗斯研制的新型护卫舰，一共建造了6艘，从1991年服役至今。

“猎豹”级护卫舰的舰体中部两侧各装1座四联装KT-184反舰导弹发射器。76毫米舰炮前方的甲板设有一组12联装RBU-6000反潜火箭深弹发射器，舰上还有两组双联装533毫米鱼雷发射器。舰艏设有一具MR-323中频主/被动舰体声呐，而舰艉则设置一个可变深度声呐。由于舰艉被可变深度声呐的舱室占据，因此没有空间设置直升机起降平台。

“猎豹”级护卫舰为典型的近海作战军舰，配备导弹、水雷、鱼雷及舰载机，火力比较齐全。该级舰可搭载飞机，但没有直升机机库，只有飞行甲板。

英文名称：Gepard Class Frigate
研制国家：俄罗斯
制造厂商：泽列诺多尔斯克造船厂
生产数量：6艘
服役时间：1991年至今
主要用户：俄罗斯海军、越南海军

Warships

★★★

基本参数

满载排水量	1930吨
全长	102.1米
全宽	13.1米
吃水	5.3米
最高航速	28节
续航距离	4000海里
舰员	98人
发动机功率	21800千瓦

俄罗斯"不惧"级护卫舰

"不惧"（Neustrashimy）级护卫舰是俄罗斯研制的护卫舰，一共建造了2艘，从1993年服役至今。

"不惧"级护卫舰采用长甲板构型，体型比"克里瓦克"级护卫舰大得多，可以提高适航性以及燃油、武器装载量。该级舰的舰体设计十分重视适航性，舰艏艏柱倾斜角度、外倾角度与舷弧均大，可降低海浪对甲板的冲刷。舰艏尖端有一个下削的弧度，以增加舰艏主炮的下方射界。"不惧"级的上层结构采倾斜式表面，可减少雷达散射截面。

"不惧"级护卫舰拥有强大的舰载武备，舰艏设有一座单管100毫米AK-100自动舰炮，射速达50发/分，射程20千米，弹药库内备弹350发炮弹。

英文名称：Neustrashimy Class Frigate

研制国家：俄罗斯

制造厂商：杨塔尔造船厂

生产数量：2艘

服役时间：1993年至今

主要用户：俄罗斯海军

基本参数

满载排水量	4400吨
全长	129.6米
全宽	15.6米
吃水	5.6米
最高航速	30节
续航距离	3000海里
舰员	210人
发动机功率	82000千瓦
舰载机数量	1架

俄罗斯"守护"级护卫舰

"守护"（Steregushchy）级护卫舰是俄罗斯海军正在量产的多用途隐身护卫舰，从2007年服役至今。

"守护"级护卫舰拥有与21世纪初期西方先进舰艇相似的雷达隐身外形，封闭式的上层结构简洁洗练并向内倾斜，并采用封闭式主桅杆，可有效降低雷达截面积。此外，"守护"级护卫舰在降低红外线信号方面也下了不少工夫。该级舰的舰体由钢材制造，上层结构大量使用复合材料以减轻重量。

"守护"级护卫舰装有1门最新型的100毫米AK-190自动舰炮，1套CADS-N-1"卡什坦"近防武器系统，2门30毫米AK-630自动近防武器系统。在反舰导弹方面，"守护"级可以搭载8枚SS-N-25"冥王星"或6枚SS-N-27"俱乐部"反舰导弹。

英文名称：
Steregushchy Class Frigate

研制国家：俄罗斯

制造厂商：北方造船厂

生产数量：量产中

服役时间：2007年至今

主要用户：俄罗斯海军

Warships

基本参数

满载排水量	2131吨
全长	116米
全宽	11.02米
吃水	3.18米
最高航速	35节
续航距离	6480海里
舰员	90人
发动机功率	17600千瓦
舰载机数量	1架

“格里戈洛维奇海军上将”级护卫舰

“格里戈洛维奇海军上将”（Admiral Grigorovich）级护卫舰是俄罗斯研制的新一代导弹护卫舰，计划建造6艘，目前尚未服役。

“格里戈洛维奇海军上将”级护卫舰是以俄罗斯在21世纪初售予印度的“塔尔瓦”级护卫舰为基础改良而来，其基本设计、动力系统、电子装备与武器等都大致与“塔尔瓦”级相同。已知最大的变更是将原本“塔尔瓦”级的3S19导弹发射器，换成3座十二联装垂直发射器。

“格里戈洛维奇海军上将”级护卫舰的主要武器包括：1座100毫米A-190舰炮，3座十二联装3S90E垂直发射系统（装填9M317防空导弹），1座8联装KBSM 3S14U1垂直发射系统（装填“红宝石”反舰导弹），1座12联装RBU-6000反潜火箭发射器，2座CADS-N-1“卡什坦”近程防御武器系统，2座2联装533毫米鱼雷发射管。

英文名称：
Admiral Grigorovich Class Frigate
研制国家：俄罗斯
生产数量：6艘（计划）
服役时间：尚未服役
主要用户：俄罗斯海军

Warships ★★★

基本参数

满载排水量	4035吨
全长	124.8米
全宽	15.2米
吃水	4.2米
最高航速	32节
续航距离	4500海里
舰员	200人
发动机功率	45400千瓦
舰载机数量	1架

“戈尔什科夫”级护卫舰

“戈尔什科夫”级护卫舰是俄罗斯海军装备的新型导弹护卫舰，也称为22350型护卫舰。该级舰是苏联解体后俄罗斯首次自主建造的新型主力水面作战舰艇。

“戈尔什科夫”级护卫舰在舰艏位置装备了1门A-192M型130毫米舰炮，其后方布置了4座八联装3K96防空导弹垂直发射系统。在防空导弹装置的后方，安装有2座八联装3R14通用垂直发射系统，能够发射多种导弹，包括P-800超音速反舰导弹、3M-54亚/超双速反舰导弹、3M-14对陆攻击导弹以及91RT超音速反潜导弹等。此外，直升机库两侧各装备了1座“佩刀”近程防御系统，包含2门AO-18KD型30毫米机炮和8枚9M340E防空导弹。舰上还配备了2座四联装330毫米鱼雷发射管，舰艉部分则设有直升机库和飞行甲板，可搭载1架卡-27反潜直升机。

英文名称： Gorshkov Class Frigate
研制国家： 俄罗斯
制造厂商： 北方造船厂
生产数量： 10艘（计划）
服役时间： 2018年至今
主要用户： 俄罗斯海军

Warships

基本参数

满载排水量	5400吨
全长	135米
全宽	16米
吃水	4.5米
最高航速	29.5节
续航距离	4850海里
舰员	210人
发动机功率	48670千瓦
舰载机数量	1架

“卡辛”级驱逐舰

“卡辛”（Kashin）级驱逐舰是苏联海军第一种专门设计的装备防空导弹的驱逐舰，一共建造了25艘，从1962年服役至今。

“卡辛”级驱逐舰采用双轴对称布局。全甲板上层建筑贯穿整个舰长的四分之三，其间耸立着烟囱排气口。在甲板的前端和后端各有1座双联装SA-N-1“果阿”舰对空导弹发射装置，在其下方的上甲板上各有1座双联装76毫米舰炮。舰中央有1座五联装533毫米鱼雷发射管。

“卡辛”级驱逐舰的舰载武器包括：2座双联装76.2毫米炮，4座SS-N-2C“冥河”舰对舰导弹发射装置，2座双联装SA-N-1“果阿”舰对空导弹发射装置，射程31.5千米，共载有32枚导弹；1座五联装533毫米两用鱼雷发射管；2座RBU6000型12管回转式反潜深弹发射装置，射程6000米，共载有120枚火箭。

英文名称：Kashin Class Destroyer

研制国家：苏联

制造厂商：尼古拉耶夫造船厂

生产数量：25艘

服役时间：1962年至今

主要用户：苏联海军、俄罗斯海军

Warships

★★★

基本参数

满载排水量	4390吨
全长	144米
全宽	15.8米
吃水	4.6米
最高航速	33节
续航距离	3500海里
舰员	320人
发动机功率	72000千瓦
舰载机数量	1架

“现代”级驱逐舰

“现代”（Sovremenny）级驱逐舰是苏联建造的大型导弹驱逐舰，主要担任反舰任务，一共建造了17艘，从1985年服役至今。

“现代”级驱逐舰的外形较为饱满，舰上建筑分为艏、艉两部分。在舰艏前方配有一座舰对空导弹发射架，两侧各有一座四联装“日炙”反舰导弹发射筒，舰艏上有一座球形雷达天线，主桅杆上设置三坐标雷达天线。后部分建筑为烟囱，烟囱后面则是飞行甲板，可起降舰载直升机。

“现代”级驱逐舰的武器装备包括：1架Ka-27反潜直升机，2座130毫米舰炮，2座四联装KT-190反舰导弹发射装置，4座AK-630M 30毫米近防炮系统，2座3K90M-22防空导弹发射装置，2具双联装533毫米鱼雷发射装置，2座RBU-12000反潜火箭发射装置，8座十联装PK-10诱饵发射器，以及2座双联装PK-2诱饵发射器。

英文名称：
Sovremenny Class Destroyer

研制国家：苏联

制造厂商：北方造船厂

生产数量：17艘

服役时间：1985年至今

主要用户：苏联海军、俄罗斯海军

Warships

★★★

基 本 参 数

满载排水量	8480吨
全长	156.4米
全宽	17.2米
吃水	7.8米
最高航速	32.7节
续航距离	2400海里
舰员	350人
发动机功率	75000千瓦
舰载机数量	1架

“无畏”级驱逐舰

“无畏”（Udaloy）级驱逐舰是俄罗斯海军现役的主力驱逐舰之一，一共建造了12艘，从1980年服役至今。

“无畏”级驱逐舰的重要舱室都采用了密闭式防护系统，可以防止外界受污染的空气进入。全舰结构趋于紧凑，布局简明，主要的防空、反潜装备集中于舰体前部，中部为电子设备，后部为直升机平台，整体感很强。它汲取了西方先进的舰船设计思路，改变了以往缺乏整体思路，临时堆砌设备的做法，使舰体外形显得整洁利索。

“无畏”级驱逐舰的主要作战任务为反潜，装有2座四联装SS-N-14反潜导弹发射装置、2座四联装533毫米鱼雷发射管、2座十二联装RBU-6000反潜火箭发射装置。此外，还可搭载2架Ka-27反潜直升机。“无畏”级驱逐舰还具备一定的防空能力，但没有反舰能力。

英文名称：Udaloy Class Destroyer

研制国家：苏联

制造厂商：杨塔尔造船厂

生产数量：12艘

服役时间：1980年至今

主要用户：苏联海军、俄罗斯海军

Warships

★★★

基本参数

满载排水量	7570吨
全长	163.5米
全宽	19.3米
吃水	7.79米
最高航速	30节
续航距离	4500海里
舰员	350人
发动机功率	88260千瓦
舰载机数量	2架

“无畏”Ⅱ级驱逐舰

“无畏”（Udaloy）Ⅱ级驱逐舰是苏联解体前开建的最后一级驱逐舰，最终仅有1艘建成并于1999年进入俄罗斯海军服役。

“无畏”Ⅱ级驱逐舰是在“无畏”级的基础上改进而来，在舰型等方面基本沿用了“无畏”级，外观上差别不是很大，最主要的变化还是武器装备的配置方面。

“无畏”Ⅱ级驱逐舰的舰载武器包括：1座双联装AK-130全自动高平两用炮；8座八联装SA-N-9“刀刃”导弹垂直发射系统；2座“卡什坦”近程武器系统；2座SS-N-22“日炙”四联装反舰导弹发射装置，配备3M82型反舰导弹；2座四联装多用途鱼雷发射管，发射SS-N-15“星鱼”反潜导弹；10管RBU-12000反潜火箭发射装置。

英文名称：
Udaloy Ⅱ Class Destroyer
研制国家：苏联
制造厂商：杨塔尔造船厂
生产数量：1艘
服役时间：1999年至今
主要用户：俄罗斯海军

Warships

★★★

基本参数

满载排水量	8900吨
全长	163.5米
全宽	19.3米
吃水	7.5米
最高航速	30节
续航距离	6000海里
舰员	300人
发动机功率	88260千瓦
舰载机数量	2架

“娜佳”级扫雷舰

“娜佳”（Natya）级扫雷舰是苏联研制的远洋扫雷舰，一共建造了16艘，从1970年服役至今。

“娜佳”级扫雷舰装有“顿河”Ⅱ型搜索雷达（或“低槽”搜索雷达）、“鼓捶”火控雷达、MG79/89型舰壳扫雷声呐系统（或MG69/79型舰壳扫雷声呐系统）等电子装备。

“娜佳”级扫雷舰的扫雷装置包括2部GKT-2触发式扫雷装置、1部AT-2水声扫雷装置、1部TEM-3磁性扫雷具。自卫武器包括2座四联装SA-N-5/8“圣杯”防空导弹发射装置、2座双联装30毫米AK 230舰炮（或2门30毫米AK 306舰炮）、2座双联装25毫米舰炮、2座RBU 1200固定式反潜火箭发射装置等。

英文名称：Natya Class Destroyer
研制国家：苏联
制造厂商：哈巴罗夫斯克造船厂
生产数量：16艘
服役时间：1970年至今
主要用户：苏联海军、俄罗斯海军

Warships

★★★

基本参数

满载排水量	804吨
全长	61米
全宽	10.2米
吃水	3米
最高航速	16节
续航距离	3000海里
舰员	45人
发动机功率	3728千瓦

“奥萨”级导弹艇

“奥萨”（Osa）级导弹艇是苏联于20世纪50年代研制的导弹艇，堪称有史以来建造数量最多的导弹艇，总产量超过400艘，在1960～1973年间服役。

“奥萨”级导弹艇圆滑的上层建筑轮廓比较低矮，由前甲板延伸至艇艉。柱式主桅位于艇中前方，留有安装搜索雷达天线的空间，后方的突出塔架装有火控雷达天线，4座醒目的大型“冥河”反舰导弹发射装置朝向左右舷主桅和火控雷达方向。

“奥萨”级导弹艇的主要武器是4枚SS-N-2“冥河”反舰导弹，另外还有2座AK-230型30毫米近程防御武器系统。

英文名称：Osa Class Missile Boat
研制国家：苏联
制造厂商：哈巴罗夫斯克造船厂
生产数量：至少400艘
服役时间：1960～1973年
主要用户：苏联海军

Warships

基本参数

满载排水量	235吨
全长	38.6米
全宽	7.6米
吃水	1.7米
最高航速	42节
续航距离	1800海里
艇员	28人
发动机功率	11900千瓦

“蟾蜍”级坦克登陆舰

“蟾蜍”（Ropucha）级坦克登陆舰是苏联于20世纪60年代研制的坦克登陆舰，一共建造了28艘，从1975年服役至今。

“蟾蜍”级坦克登陆舰有Ⅰ型、Ⅱ型两种型号，主要是武备略有不同。“蟾蜍”级采用平甲板船型，上层建筑布置在舰中后方，它前面的上甲板为装载甲板，上面开有一个装货舱口。上甲板前端呈方形，艉部有尾跳板。

“蟾蜍”级坦克登陆舰有两种装载方式，一种是10辆主战坦克和190名登陆士兵，另一种是24辆装甲战斗车和170名士兵，可根据需要任选一种装载，灵活性较强。Ⅱ型舰用76毫米AK-176型火炮和防空炮取代了Ⅰ型舰的2座双联装57毫米AK-257型火炮，并增设了2座30毫米炮，从而增强了武器火力。此外，Ⅱ型舰还可以发射SA-N-5“圣杯”舰对空导弹和122毫米火箭弹。

英文名称：

Ropucha Class Tank Landing Ship

研制国家：苏联

制造厂商：格但斯克造船厂

生产数量：28艘

服役时间：1975年至今

主要用户：苏联海军、俄罗斯海军

Warships

基本参数

满载排水量	4080吨
全长	112.5米
全宽	15米
吃水	3.7米
最高航速	18节
续航距离	6100海里
舰员	98人
发动机功率	14121千瓦

“野牛”级气垫登陆艇

“野牛”（Zubr）级气垫登陆艇是目前世界上最大的气垫登陆艇，共建造了6艘，从1988年服役至今。

“野牛”级气垫登陆艇的舰体采用坚固的浮桥式构造，具有良好的稳定性和耐波力。“野牛”级的艇身由强度高且耐腐蚀的铝镁合金焊接而成，两层式的气垫内部分隔成许多区域，局部的破损不会造成整个气垫完全漏气失效，类似船只的水密隔舱。

“野牛”级气垫登陆艇有400平方米的可用装载面积，自带燃料56吨。该级艇可运载3辆主战坦克，或10辆步兵战车加上140名士兵，若单独运送武装士兵则可达到500人。该艇可在浪高2米、风速12米/秒的海况下行驶。“野牛”级气垫登陆艇配备的火力大大高于其他气垫登陆艇，装备有“箭”-3M或“箭”-2M防空导弹系统，2门30毫米AK-630火炮，2套22管MC-227型140毫米非制导弹药发射装置，以及20～80枚鱼雷。

英文名称： Zubr Class Landing Craft

研制国家： 苏联

制造厂商： 格但斯克造船厂

生产数量： 6艘

服役时间： 1988年至今

主要用户： 苏联海军、俄罗斯海军

Warships

★★★

基本参数

满载排水量	555吨
全长	57.3米
全宽	25.6米
吃水	1.6米
最高航速	63节
续航距离	300海里
艇员	31人
发动机功率	41400千瓦

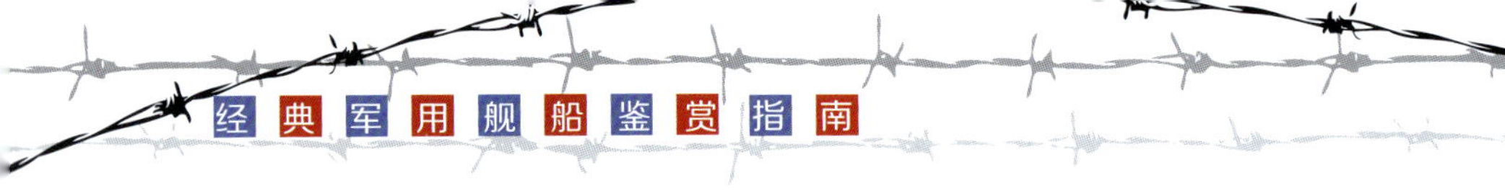

“伊万·格林”级登陆舰

“伊万·格林”级登陆舰是21世纪以来俄罗斯海军首次建造的远洋登陆舰，标志着俄罗斯海军重新重视大型登陆舰的发展。首舰于2004年12月启动建造，2012年5月下水，并于2018年6月正式服役。

“伊万·格林”级登陆舰的舰员编制约为100人，同时可搭载300名海军陆战队员，并具备运载13辆主战坦克或36辆装甲输送车的能力。该级舰不仅承担登陆运输任务，还具备对地火力支援功能。在武器配置方面，除了装备1门AK-176型主炮和1门AK-630型近防炮外，舰艏还安装了2门双联装122毫米舰载多管火箭炮，这种火箭炮是在“冰雹”多管火箭炮的基础上改进而来的，能够为登陆部队提供有效的火力支援。此外，该级舰还配备了直升机平台和机库，可搭载2架卡-29直升机，进一步增强了其作战能力。

英文名称：
Ivan Gren Class Landing Ship

研制国家： 俄罗斯

制造厂商： 杨塔尔造船厂

生产数量： 11艘（计划）

服役时间： 2018年至今

主要用户： 俄罗斯海军

Warships
★★★

基本参数

满载排水量	6600吨
全长	135米
全宽	16.5米
吃水	3.8米
最高航速	18节
续航距离	3500海里
舰员	100人
发动机功率	7400千瓦
舰载机数量	2架

“维克托”级攻击型核潜艇

“维克托”（Victor）级核潜艇是苏联研制的攻击型核潜艇，一共建造了48艘，从1967年服役至今。

“维克托”级核潜艇采用了轴对称的水滴形外形和双壳体结构，长宽比约为10：1。该艇的指挥台和上层建筑很低，突出部分很小。耐压壳由AK-29高强度合金钢建造，钢板厚度为35毫米。该级艇的非耐压壳体、指挥塔围壳、艇艉垂直舵和水平舵都是由低磁钢材建造。该级潜艇还安装了消磁装置，这使得艇体结构变得更复杂，但是也同样使对方反潜飞机的磁探仪很难发现目标。

“维克托”级核潜艇装备了4具533毫米和2具650毫米鱼雷发射管，可以发射53型鱼雷和65型鱼雷，以及SS-N-15和SS-N-16反潜导弹等。此外，该艇还可以携带射程为3000千米的SS-N-21远程巡航导弹，战斗部为20万吨当量的核弹头或500千克烈性炸药的常规弹头，其巡航高度为25～200米，能够攻击敌方陆上重要目标。

英文名称：Victor Class Nuclear-powered Submarine

研制国家：苏联

制造厂商：红宝石海洋机械中央设计局

生产数量：48艘

服役时间：1967年至今

主要用户：苏联海军、俄罗斯海军

Warships

★★★

基本参数

潜航排水量	5300吨
全长	94米
全宽	10.5米
吃水	7.3米
潜航速度	32节
潜航深度	300米
续航距离	接近无限
艇员	48人
发动机功率	23000千瓦

“阿库拉”级攻击型核潜艇

“阿库拉”（Akula）级核潜艇是苏联研制的攻击型核潜艇，一共建造了15艘，从1984年服役至今。

“阿库拉”级核潜艇采用良好的水滴外形，并采用了双壳体结构，里面一层艇壳为钛合金制造的耐压壳体。该艇共有7个耐压舱，它们包括指挥舱、武器舱、反应堆、前部辅机舱、后部辅机舱、主电机舱和尾舱，这些耐压舱都采用了严格的抗沉性标准设计。

“阿库拉”级核潜艇的耐压壳能使其下潜到650米深的海底，而当时一般的潜艇最多只能下潜到600米。该艇在一个舱室进水时，还能够正常执行战斗任务，在2~3个舱室进水时，依然能够在海上漂浮数小时，为艇员逃生提供充足的时间。在“亚森”级服役前，“阿库拉”级堪称苏联最安静的核潜艇。

英文名称：Akula Class Nuclear-powered Submarine

研制国家：苏联

制造厂商：红宝石海洋机械中央设计局

生产数量：15艘

服役时间：1984年至今

主要用户：苏联海军、俄罗斯海军

Warships

★★★

基本参数

潜航排水量	12770吨
全长	110米
全宽	13.5米
吃水	9米
潜航速度	33节
潜航深度	480米
续航距离	接近无限
艇员	73人
发动机功率	190000千瓦

“塞拉”级攻击型核潜艇

“塞拉”（Sierra）级核潜艇是苏联研制的攻击型核潜艇，一共建造了4艘，从1987年服役至今。

“塞拉”级核潜艇采用了独特的双壳体结构，艇壳体用钛合金材料建造而成。全艇共有7个耐压舱室，它们包括指挥舱、武器舱，前部辅机舱、后部辅机舱、反应堆舱、主电机舱和尾舱，这些舱室都严格执行抗沉设计，大大提高了潜艇的生存能力。

“塞拉”级核潜艇装备的武器种类众多，包括SS-N-16型反潜导弹、SS-N-15型反潜导弹、SS-N-21型远程巡航导弹以及53型、65型鱼雷和各种水雷等，而且携带数量也较多。艇上还有2套柴油发电机组和2组蓄电池作为备用，可以保证潜艇在应急和事故状态下的辅助用电，并推动潜艇应急航行。

英文名称：Sierra Class Nuclear-powered Submarine

研制国家：苏联

制造厂商：红宝石海洋机械中央设计局

生产数量：4艘

服役时间：1987年至今

主要用户：苏联海军、俄罗斯海军

Warships

★★★

基本参数

潜航排水量	8200吨
全长	107米
全宽	12.2米
吃水	8.8米
潜航速度	35节
潜航深度	600米
续航距离	接近无限
艇员	61人
发动机功率	190000千瓦

“麦克”级攻击型核潜艇

“麦克”（Mike）级核潜艇是苏联研制的攻击型核潜艇，一共建造了2艘，在1988～1989年间服役。

“麦克”级是苏联第三种采用钛合金制造的核潜艇，艇艏圆钝，中间有一段很长的平行中体，艉部尖瘦。这种布局使艇内空间更大，艇艏鱼雷发射管便于布置。艇艏下方为圆柱艏声呐罩。艏部还设有水平舵，比较靠前，使用时会影响艏声呐工作。艇体中部外侧设有少量的流水孔，可减小流体噪音。

“麦克”级核潜艇比其他钛合金制造的潜艇的下潜深度都大很多，是世界上潜航深度最大的核潜艇。该级艇的武器装备包括：2具533毫米和4具650毫米鱼雷发射管，用于发射导弹、鱼雷和布放水雷。艇上搭载的武器包括SS-N-21巡航导弹、SS-N-15反潜导弹、SS-N-16反潜导弹、鱼雷和水雷等。

英文名称：Mike Class Nuclear-powered Submarine

研制国家：苏联

制造厂商：红宝石海洋机械中央设计局

生产数量：2艘

服役时间：1988～1989年

主要用户：苏联海军

基本参数

潜航排水量	8000吨
全长	117.5米
全宽	10.7米
吃水	9米
潜航速度	30节
潜航深度	1000米
续航距离	接近无限
艇员	70人
发动机功率	190000千瓦

“亚森”级攻击型核潜艇

“亚森”（Yasen）级核潜艇是俄罗斯研制的新型攻击型核潜艇，计划建造12艘。

“亚森”级核潜艇的艇体采用高性能的钛合金双壳体结构，潜艇内分7个舱室布置，它们为指挥舱、巡航导弹舱、鱼雷舱、居住舱、反应堆舱、主机舱和尾舱。该艇的储备浮力极佳，指挥舱内还设有能容纳全体乘员的救生室，以便在出现事故或者战损时使用。

“亚森”级核潜艇在艇艏装备了4具650毫米和2具533毫米鱼雷发射管，可以发射65型和53型鱼雷、SS-N-15反潜导弹等武器。此外，该艇还在指挥台围壳后面的巡航导弹舱，布置了8个用于发射SS-N-27巡航反舰导弹的垂直发射管。SS-N-27巡航导弹的最大飞行速度为2.5马赫，最大射程超过3000千米，命中精度为4～8米。到现在为止，世界各国还没有能够有效对付这种导弹的方法和武器，它是有效的攻击航空母舰的武器之一。

英文名称： Yasen Class Nuclear-powered Submarine
研制国家： 俄罗斯
制造厂商： 红宝石海洋机械中央设计局
生产数量： 12艘（计划）
服役时间： 2014年至今
主要用户： 俄罗斯海军

Warships

基本参数

潜航排水量	13800吨
全长	120米
全宽	15米
吃水	8.4米
潜航速度	28节
潜航深度	600米
续航距离	接近无限
艇员	90人

“旅馆”级弹道导弹核潜艇

“旅馆”（Hotel）级核潜艇是苏联研制的弹道导弹核潜艇，一共建造了8艘，在1960～1991年间服役。

“旅馆”级核潜艇是苏联第一种铺设消声瓦的潜艇，由于当时苏联的消声瓦铺设技术还不成熟，所以很多潜艇的消声瓦在服役一段时间后会有一定程度的脱落。

尽管“旅馆”级核潜艇对于当时的苏联来说是一个飞跃，但整体性能仍逊色于美国“乔治·华盛顿”级核潜艇。“旅馆”级核潜艇最初携带16枚SS-N-4“萨克”弹道导弹，这种导弹有很大缺陷，只能在水面发射。为了提高“旅馆”级核潜艇的生存能力，苏联对其进行了改进，后期使用SS-N-5弹道导弹和SS-N-8弹道导弹。

英文名称：Hotel Class Nuclear-powered Submarine

研制国家：苏联

制造厂商：红宝石海洋机械中央设计局

生产数量：8艘

服役时间：1960～1991年

主要用户：苏联海军

Warships

基本参数

潜航排水量	5300吨
全长	114米
全宽	7.2米
吃水	7.5米
潜航速度	26节
潜航深度	300米
续航距离	接近无限
艇员	104人

“德尔塔”级弹道导弹核潜艇

“德尔塔”（Delta）级核潜艇是苏联研制的弹道导弹核潜艇，一共建造了43艘，从1972年服役至今。

“德尔塔”级弹道导弹核潜艇由红宝石设计局设计，有4种外形相似，但又各有不同的艇型。目前，“德尔塔”Ⅰ级和“德尔塔”Ⅱ级已全部退役，“德尔塔”Ⅲ、Ⅳ级仍然属于现役潜艇。“德尔塔”级核潜艇使用了苏制潜艇普遍使用的双壳体结构，在指挥围壳上安装了水平舵。这种水平舵可以让核潜艇在没有纵向倾斜的情况下让核潜艇更容易下沉。

现役的“德尔塔”Ⅳ级装备16发P-29PM潜射弹道导弹，装载在D-9PM型发射筒内。该级潜艇还可以使用SS-N-15“海星”反舰导弹，这种导弹速度为200节，射程为45千米，可以装配核弹头。“德尔塔”Ⅳ级可以在6～7节、55米深度的情况下连续发射出所有的导弹；并且可以在任何航向下，以及一定的纵向倾斜角度下发射导弹。

英文名称： Delta Class Nuclear-powered Submarine

研制国家： 苏联

制造厂商： 红宝石海洋机械中央设计局

生产数量： 43艘

服役时间： 1972年至今

主要用户： 苏联海军、俄罗斯海军

Warships

基本参数

潜航排水量	19000吨
全长	167米
全宽	12米
吃水	9米
潜航速度	24节
潜航深度	400米
续航距离	接近无限
艇员	120人
发动机功率	38700千瓦

“台风”级弹道导弹核潜艇

“台风”级核潜艇是人类历史上建造的排水量最大的潜艇，至今仍保持着最大体积和吨位的世界纪录。

“台风”级核潜艇采用非典型双壳体设计，即导弹发射筒为单壳体，其他部分为双壳体。导弹发射筒夹在双壳耐压艇体之间，可避免出现“龟背”而增大航行的阻力和噪音，并节约建造费用。“台风”级核潜艇的体积几乎是美国“俄亥俄”级核潜艇的两倍，但是核弹投射能力略逊于后者。不过，得益于庞大的船舱容积，“台风”级核潜艇可以让水兵舒服地在敌人附近海域枕戈待旦较长时间。

“台风”级核潜艇装有20具导弹发射管、2具533毫米鱼雷发射管、4具650毫米鱼雷发射管，可发射SS-N-16反潜导弹、SS-N-15反潜导弹、SS-N-20弹道导弹，以及常规鱼雷和“风暴”空泡鱼雷等。

英文名称： Typhoon Class Nuclear-powered Submarine
研制国家： 苏联
制造厂商： 北德文斯克造船厂
生产数量： 6艘
服役时间： 1981～2023年
主要用户： 苏联海军、俄罗斯海军

Warships

基本参数

潜航排水量	48000吨
全长	175米
全宽	23米
吃水	12米
最高航速	27节
续航距离	接近无限
潜航深度	400米
舰员	160人
发动机功率	74000千瓦

“北风之神”级弹道导弹核潜艇

“北风之神”级核潜艇是俄罗斯研发的新型弹道导弹核潜艇，其名称源自希腊神话中的北风之神，俄方内部代号为955级（最初为935级），俄罗斯海军将其称为“水下核巡洋舰”。

“北风之神”级核潜艇配备了16具导弹发射装置，用于发射SS-N-32弹道导弹（苏联代号R-30）。该导弹是在“白杨”M陆基洲际弹道导弹的基础上研发而成，能够携带10个分导式多弹头，最大射程可达8300千米。在自卫武器方面，“北风之神”级核潜艇安装了6具533毫米鱼雷发射管，可发射SS-N-15反潜导弹、SA-N-8防空导弹以及鱼雷等多种武器，具备强大的自身防御作战能力。此外，该级潜艇还计划装备速度高达200节的“暴风”高速鱼雷，这种鱼雷不仅能用于反潜作战，还具备反鱼雷的能力。

英文名称：Borei Class Nuclear-powered Submarine
研制国家：俄罗斯
制造厂商：北德文斯克造船厂
生产数量：14艘（计划）
服役时间：2013年至今
主要用户：俄罗斯海军

基本参数

潜航排水量	24000吨
全长	170米
全宽	13.5米
吃水	10米
最高航速	29节
续航距离	接近无限
潜航深度	400米
舰员	107人
发动机功率	74570千瓦

“查理”级巡航导弹核潜艇

“查理”（Charlie）级核潜艇是苏联研制的巡航导弹核潜艇，一共建造了17艘，在1967～1998年间服役。

“查理”级核潜艇的吨位较小，在艇艏的压力壳外部两侧各斜置安装了4座反舰导弹发射装置。该级艇的动力装置为一台压水堆和一台蒸汽轮机，总功率14914千瓦。

“查理”级核潜艇是苏联第一艘具有水下发射导弹能力的核潜艇，具有好的隐蔽性，更强大的攻击能力，同时也减少了发射时的暴露机会。该级艇使用SS-N-7“紫水晶”主动雷达制导反舰导弹，射程65千米，虽然射程较短，但敌舰预警与反制的机会也变少了。与苏联海军此前的“回声”级核潜艇相比，“查理”级核潜艇增加了卫星数据链，截获敌方目标位置的手段更加可靠。

英文名称：Charlie Class Nuclear-powered Submarine

研制国家：苏联

制造厂商：红宝石海洋机械中央设计局

生产数量：17艘

服役时间：1967～1998年

主要用户：苏联海军、俄罗斯海军

Warships

基本参数

潜航排水量	5100吨
全长	104米
全宽	10.8米
吃水	4米
潜航速度	24节
潜航深度	300米
续航距离	6940海里
艇员	100人
发动机功率	11185千瓦

"奥斯卡"级巡航导弹核潜艇

"奥斯卡"（Oscar）级核潜艇是苏联研制的巡航导弹核潜艇，一共建造了13艘，从1980年服役至今。

"奥斯卡"级核潜艇装有24具SS-N-19导弹发射筒，它们布置在艇前、中部的耐压壳体与非耐压壳体之间。在指挥台的每侧有6个矩形盖板，这些盖板长约7米、宽为2米，内装有2具导弹发射装置，与垂线成45度斜角布置。

"奥斯卡"级核潜艇共装24枚SS-N-19反舰导弹，最大射程550千米。该级艇上还装有鱼雷发射管，可发射53型鱼雷和65型鱼雷。另外，它也可以使用SS-N-15型和SS-N-16型反潜导弹攻击敌方潜艇。该潜艇还可用65型反舰鱼雷进行对舰攻击。该鱼雷采用主/被动声自导和尾流制导，可携带核弹头。

英文名称：Oscar Class Nuclear-powered Submarine

研制国家：苏联

制造厂商：红宝石海洋机械中央设计局

生产数量：13艘

服役时间：1980年至今

主要用户：苏联海军、俄罗斯海军

Warships

基本参数

潜航排水量	19400吨
全长	155米
全宽	18.2米
吃水	9米
潜航速度	32节
潜航深度	600米
续航距离	接近无限
艇员	107人
发动机功率	73070千瓦

“基洛”级常规潜艇

“基洛”（Kilo）级潜艇是俄罗斯海军现役的主要常规潜艇，有“大洋黑洞”之称。该级艇一共建造了83艘，从1982年服役至今。

“基洛”级潜艇采用光滑水滴形艇体，这在苏制常规潜艇中极为少见。该级艇外表短粗，是经过精密计算的最佳降噪形态。艇体为双壳体结构，分为6个耐压舱，储备浮力为30%，任何一个舱位破损都能保持不沉性。潜艇外壳嵌满了塑胶消音瓦，以吸收噪音并衰减敌方主动声呐的声波反射。

“基洛”级潜艇的艇艏设有6具533毫米鱼雷发射管，可发射53型鱼雷、SET-53M鱼雷、SAET-60M鱼雷、SET-65鱼雷、71系列线导鱼雷等，改进型和印度出口型还可以通过鱼雷管发射“俱乐部”-S潜射反舰导弹。“基洛”级潜艇内共配备18枚鱼雷，并有快速装雷系统。

英文名称：Kilo Class Submarine

研制国家：苏联

制造厂商：波罗的海造船厂

生产数量：83艘

服役时间：1982年至今

主要用户：苏联海军、俄罗斯海军、印度海军、越南海军

Warships

★★★

基本参数

潜航排水量	3076吨
全长	73.8米
全宽	9.9米
吃水	16.6米
潜航速度	20节
潜航深度	300米
续航距离	7500海里
艇员	52人
发动机功率	6100千瓦

“拉达”级常规潜艇

“拉达”（Lada）级潜艇是俄罗斯自苏联解体后研制的第一级柴电潜艇，从2010年服役至今。

“拉达”级潜艇吸收了“基洛”级潜艇的技术和经验，选用了专门研制的低噪音、低振动设备，大大减少了振动噪音源。如设备的安装大量地采用了浮筏减振降噪装置，艇内各种管路广泛采用了挠性连管、消声扩散器、阻尼橡胶层、阻尼支承和吊架、套袖式复合橡胶管等减振隔音装置。整个艇体的外形采用了水滴形流线外形，推进装置采用了7叶大侧斜低噪音螺旋桨并改进了推进轴。艇体外加装了消声瓦，覆盖了消声涂层。

“拉达”级潜艇装有6具鱼雷发射管，武器载荷为18枚。该级艇在设计上有诸多创新，其中包括1套基于现代数据总线技术的自动化指挥和武器控制系统、1套包含拖曳阵在内的声呐装置以及“基洛”级潜艇上的降噪技术。

英文名称：Lada Class Submarine

研制国家：俄罗斯

制造厂商：红宝石海洋机械中央设计局

生产数量：12艘（计划）

服役时间：2010年至今

主要用户：俄罗斯海军

基本参数

潜航排水量	2700吨
全长	72米
全宽	7.1米
吃水	6.5米
潜航速度	21节
潜航深度	250米
续航距离	6000海里
艇员	34人
发动机功率	2013千瓦

626
F82

英国舰船

英国皇家海军（英文Royal Navy，简称英国海军或皇家海军）成立于15世纪，是英国历史最悠久的军种。英国皇家海军曾是世界上最强大的海军，直至现在仍是仅次于美国海军的世界第二大规模的海军。英国皇家海军现役有11艘潜艇、2艘航空母舰、3艘两栖舰船、6艘驱逐舰、13艘护卫舰、15艘扫雷舰以及其他舰船。

“约克”级巡洋舰

“约克”（York）级巡洋舰是英国于20世纪20年代建造的重型巡洋舰，一共建造了2艘，在1927~1941年间服役。

英国海军对轻重巡洋舰的区分是看搭载的火炮口径，而非排水量。因此，受《华盛顿海军条约》限制的“约克”级巡洋舰实际是一级“缩水”的重型巡洋舰。全舰装甲最厚处只有121毫米，不但如此，这样的主装甲带还不覆盖全舰，只覆盖了锅炉舱和动力舱这类重要部位，约占全舰三分之一的面积。

为了减少建造经费并保证舰队中巡洋舰的数量，“约克”级巡洋舰仅装有3座203毫米双联装炮塔，而非一般重型巡洋舰的4座。除主炮外，该级舰还装有4门（后改为8门）102毫米副炮和6具533毫米鱼雷发射管（1938年拆除），防空武器为8门40毫米高炮和10门20毫米高炮。

英文名称： York Class Cruiser
研制国家： 英国
生产数量： 2艘
服役时间： 1927~1941年
主要用户： 英国海军

Warships

★★★

基本参数

满载排水量	10350吨
全长	175米
全宽	17米
吃水	5.2米
最高航速	32节
续航距离	10000海里
舰员	623人
发动机功率	59700千瓦
舰载机数量	2架

“狄多”级巡洋舰

“狄多”（Dido）级巡洋舰是英国在二战期间建造的轻型防空巡洋舰，一共建造了16艘，在1940～1966年间服役。

“狄多”级巡洋舰装有4台锅炉，4台涡轮机。该级舰的最后5艘对最初的设计进行了大幅度的修改，使用的是垂直烟囱和桅杆，因此也被单独命名为“司战女神”级。

“狄多”级巡洋舰最初的设计是装备10门新型133毫米Mark Ⅰ型高射炮担任舰队防空任务。但是由于Mark Ⅰ型高射炮数量的短缺，最初的3艘各自只装备了8门该型火炮，最后建造的第3批则装备了效果相当的114毫米Mark Ⅲ主炮。大多数“狄多”级都有在地中海服役的经历，这是由于在地中海水域空中打击是舰队面临的最大威胁。

英文名称：Dido Class Cruiser
研制国家：英国
生产数量：16艘
服役时间：1940～1966年
主要用户：英国海军

Warships

★★★

基本参数

满载排水量	7600吨
全长	156米
全宽	15.39米
吃水	4.6米
最高航速	32.3节
续航距离	3684海里
舰员	480人
发动机功率	46000千瓦

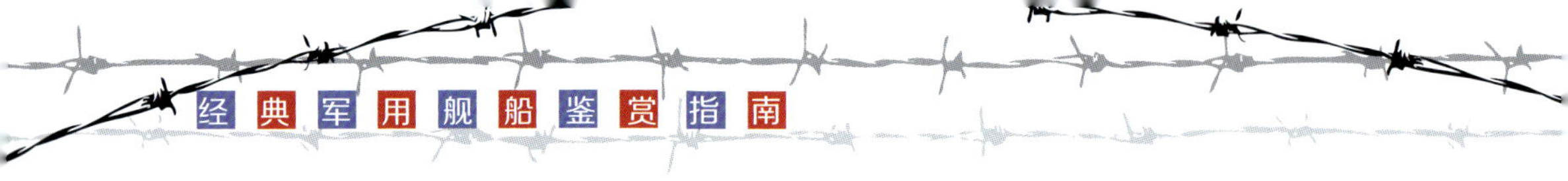

“百眼巨人”号航空母舰

“百眼巨人”号（SS Conte Rosso）航空母舰是英国皇家海军第一艘真正意义上的航空母舰外形的船舰，也是世界上第一艘全通式甲板航空母舰，在1918～1922年间服役。

“百眼巨人”号航空母舰最初计划在两舷侧甲板分别装设并列的岛状结构上层建筑，容纳舰桥与烟囱，但因为被认为会造成气流紊乱、阻碍飞行而取消此设计，最终取消了飞行甲板以上所有的上层建筑，形成“平顶船”的样式。在舰体两舷设有露天舰桥，并在飞行甲板前部中心线安装小的升降式操舵室，飞行作业时下降到甲板以下。

“百眼巨人”号航空母舰利用了邮轮船体宽大的内部空间设置单层机库，以及燃油库、弹药库等与航空作业相关舱室，机库前部与中后部有两部升降机在机库与飞行甲板之间转移飞机。

英文名称：
Argus Aircraft Carrier

研制国家：英国

生产数量：1艘

服役时间：1918～1922年

主要用户：英国海军

Warships

★★★

基本参数

满载排水量	15775吨
全长	173米
全宽	20.7米
吃水	6.4米
最高航速	20节
续航距离	4368海里
舰员	373人
发动机功率	20000千瓦
舰载机数量	20架

“竞技神”号航空母舰

“竞技神”（Hermes）号航空母舰是英国海军于1917年订购的航空母舰，在1923~1942年间服役，是世界上第一艘专门设计的航空母舰，被认为是现代航空母舰的始祖。

“竞技神”号航空母舰具有全通式飞行甲板，而非改造航空母舰中常见的前后两半式，极大地方便了舰载机起降作业。该舰采用封闭型的舰艏，极具抗浪性，使飞行甲板强度更大。岛式上层建筑置于右舷，“竞技神”号利用右侧舰桥将烟囱环抱在内，既牢固又美观，至今仍被常规航空母舰所采用。“竞技神”号航空母舰装有6门140毫米火炮、3门102毫米高射炮、8门20毫米高射炮，通常搭载20架“剑鱼”攻击机。

英文名称：Hermes Aircraft Carrier
研制国家：英国
生产数量：2艘
服役时间：1923~1942年
主要用户：英国海军

Warships

基本参数

满载排水量	13200吨
全长	182米
全宽	27.4米
吃水	6.6米
最高航速	25节
续航距离	6000海里
舰员	455人
发动机功率	55900千瓦
舰载机数量	19架

“光辉”级航空母舰

“光辉”（Illustrious）级航空母舰是英国在二战前设计的一级航空母舰，一共建造了4艘，在1940～1968年间服役。

“光辉”级航空母舰的排水量与英国之前建造的“皇家方舟”号航空母舰大体相当，飞行甲板较后者缩短了18米。与“皇家方舟”号拥有双层两座机库不同，“光辉”级只有一层机库，舰载机只有36架，后来改进了飞机的搭载方法，增加了飞机的搭载量。为了提高防空能力，该级舰在飞行甲板边缘四角各配置了两座114毫米高炮炮塔。

“光辉”级航空母舰采用装甲飞行甲板，可以抵御450千克炸弹的攻击。该级舰的自卫武器为16门114毫米火炮、20门40毫米博福斯高炮、45门20毫米厄利空高炮等，设计搭载43架舰载机。

英文名称：
Illustrious Class Aircraft Carrier

研制国家：英国

生产数量：4艘

服役时间：1940～1968年

主要用户：英国海军

Warships

★★★

基本参数

满载排水量	28919吨
全长	230米
全宽	29.18米
吃水	8.5米
最高航速	30.5节
续航距离	12300海里
舰员	1229人
发动机功率	83000千瓦
舰载机数量	36架以上

“独角兽”号航空母舰

“独角兽”（Unicorn）号航空母舰于1943年开始服役，除了经历二战一直到日本投降外，还参加了二战后的局部战争，最后于1953年11月退役。

“独角兽”号航空母舰最初设计是作为“光辉”级航空母舰的支援舰，但最后更改为轻型舰队航空母舰和支援舰。“独角兽”号航空母舰在某些方面和“皇家方舟”号航空母舰相似，特别是在高大的机库上。

“独角兽”号航空母舰的武器装备较少，航速较慢。该舰装有4座双联装114毫米高平两用炮，4座四联装40毫米防空炮，2座双联装20毫米厄利空防空炮和8门单装20毫米厄利空防空炮。

英文名称：Unicorn Aircraft Carrier
研制国家：英国
制造厂商：沃尔夫船厂
生产数量：1艘
服役时间：1943～1953年
主要用户：英国海军

Warships

基本参数

满载排水量	20600吨
全长	195.1米
全宽	27.5米
吃水	7米
最高航速	24节
续航距离	7000海里
舰员	1200人
发动机功率	29420千瓦
舰载机数量	35架

“怨仇”级航空母舰

“怨仇”（Implacable）级航空母舰是英国在二战爆发前建造的航空母舰，一共建造了2艘，在1944～1956年间服役。

“怨仇”级航空母舰在“光辉”级航空母舰的基础上做了较大的改进，第二层机库加长，增加了装甲。但与“光辉”级航空母舰一样，“怨仇”级的机库高度不足，无法使用体积更大的喷气式飞机，如果进行现代化改装，成本又过于高昂，这也是该级舰服役时间不长的原因。

“怨仇”级航空母舰的主要武器为8座双联装114毫米舰炮，可搭载36架“海喷火”战斗机（或F6F战斗机）、22架TBM攻击机，相比之下日本“翔鹤”级却只能搭载20架“零”式战斗机。不过，“怨仇”级航空母舰的机库空间仍旧太小，二战结束后该级舰几乎没用，仅作为训练航空母舰。

英文名称：
Implacable Class Aircraft Carrier

研制国家：英国

制造厂商：法菲尔德船厂

生产数量：2艘

服役时间：1944～1956年

主要用户：英国海军

Warships

★★★

基本参数

满载排水量	28968吨
全长	233.4米
全宽	29.18米
吃水	7.9米
最高航速	32.5节
续航距离	14000海里
舰员	1800人
发动机功率	110000千瓦
舰载机数量	81架

“巨人”级航空母舰

“巨人”（Colossus）级航空母舰是英国在二战期间建造的轻型航空母舰，性能介于舰队航空母舰和护航航空母舰之间，一共建造了10艘，在1944～2001年间服役。

“巨人”级航空母舰由英国维克斯·阿姆斯特朗造船厂建造，其设计目标是构造简单和易于建造。该级舰装有单层机库，没有装甲，采用轻型防空炮和巡洋舰主机。1957～1958年间，“巨人”级航空母舰进行了改装：增加了狭窄的斜角甲板，弹射器和防空炮被拆除。

因建造时间太慢，“巨人”级航空母舰没有在二战中发挥太大的作用。二战后，该级舰出现在其他多个国家的海军中，扮演了多种角色，如一线战斗航空母舰、试验航空母舰和训练航空母舰等。

英文名称：
Colossus Class Aircraft Carrier

研制国家： 英国

生产数量： 10艘

服役时间： 1944～2001年

主要用户： 英国海军

Warships ★★★

基本参数

满载排水量	18300吨
全长	192米
全宽	24.4米
吃水	7米
最高航速	25节
续航距离	14000海里
舰员	1050人
发动机功率	30000千瓦
舰载机数量	52架

"半人马"级航空母舰

"半人马"（Centaur）级航空母舰是"巨人"级航空母舰的改进型，在二战结束后才完工。一共建造了4艘，在1953～1986年间服役。

"半人马"级航空母舰有两艘被改为两栖登陆舰，另外两艘在完工后不久加装了水压飞机弹射器，后改为蒸汽弹射器。其中"竞技神"号航空母舰与另外三艘差别较大，在服役末期参加了马岛战争。

"半人马"级航空母舰的防空武器包括：2座六联装40毫米博福斯高炮，8座双联装40毫米博福斯高炮，4座单联装40毫米博福斯高炮，5座双联装40毫米博福斯高炮（仅装备"竞技神"号，1966年全部撤装），4座双联装40毫米博福斯高炮（"英格兰"号、"壁垒"号改装后）。1966年，"竞技神"号改装后还安装了2座GWS22"海猫"导弹发射装置。

英文名称：
Centaur Class Aircraft Carrier

研制国家：英国

生产数量：4艘

服役时间：1953～1986年

主要用户：英国海军

Warships

★★★

基本参数

满载排水量	28700吨
全长	224.6米
全宽	39.6米
吃水	8.7米
最高航速	28节
续航距离	6000海里
发动机功率	58000千瓦
舰载机数量	26架

"庄严"级航空母舰

"庄严"（Majestic）级航空母舰是英国在二战期间开始建造的轻型航空母舰，一共建造了5艘，在1955～1997年间服役。

"庄严"级航空母舰最初的订单是"巨人"级航空母舰，但进行了许多现代化改装，形成新的一级航空母舰。"庄严"级航空母舰的飞行甲板长211.4米、宽34.1米，甲板装甲厚度为25～50毫米。该级舰的主机为帕森斯涡轮蒸汽机，4台3缸锅炉。

"庄严"级航空母舰的防空武器最初设计为30门40毫米高射炮，实际建造时大多只安装了10～16门。舰载机方面，"庄严"级航空母舰能够搭载39架二战时期的舰载机、20架喷气式飞机。

英文名称：

Majestic Class aircraft carrier

研制国家：英国

生产数量：5艘

服役时间：1955～1997年

主要用户：英国海军

Warships

★★★

基本参数

满载排水量	20000吨
全长	198.1米
全宽	24.4米
吃水	7.8米
最高航速	25节
续航距离	14000海里
舰员	1400人
发动机功率	30000千瓦
舰载机数量	52架

“无敌”级航空母舰

“无敌”（Invincible）级航空母舰是英国于20世纪70年代开始建造的航空母舰，一共建造了3艘，从1980年服役至今。

“无敌”级航空母舰的上层建筑集中于右舷侧，里面布置有飞行控制室、各种雷达天线、封闭式主桅和前后两个烟囱。飞行甲板下面设有7层甲板，中部设有机库和4个机舱。机库高7.6米，占有3层甲板，长度约为舰长的75%，可容纳20架飞机，机库两端各有一部升降机。

“无敌”级航空母舰最大的特点是应用了滑跃式跑道，并首次采用了全燃汽轮机动力装置，使航空母舰这一舰种进入了不依赖弹射装置便可以起降舰载战斗机的新时期。

英文名称：
Invincible Class Aircraft Carrier

研制国家：英国

制造厂商：斯旺·亨特造船厂

生产数量：3艘

服役时间：1980年至今

主要用户：英国海军

Warships

★★★

基本参数

满载排水量	20710吨
全长	209米
全宽	27.7米
吃水	8米
最高航速	28节
续航距离	7000海里
舰员	1000人
发动机功率	75000千瓦
舰载机数量	22架

▲ “无敌”级航空母舰

▼ “无敌”级航空母舰结构图

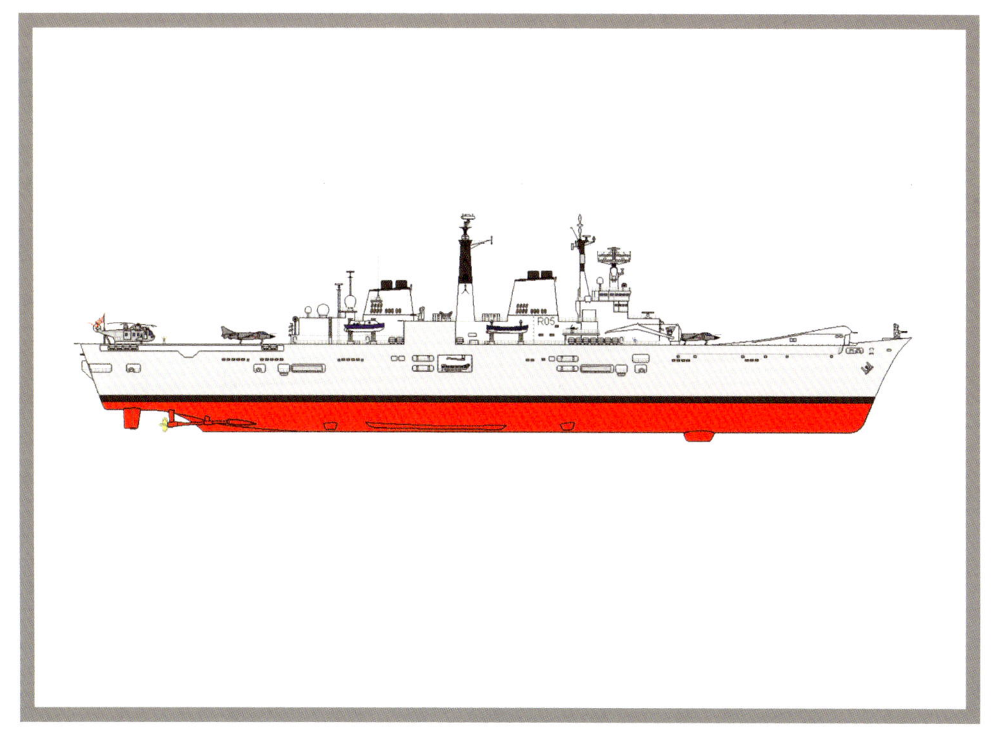

“伊丽莎白女王”级航空母舰

“伊丽莎白女王”（Queen Elizabeth）级航空母舰是英国海军最新型的航空母舰，首舰于2017年开始服役。

“伊丽莎白女王”级航空母舰首创滑跃甲板结合电磁弹射器的新概念，主力F-35舰载机使用弹射方式升空，可大幅增加该机的机身载重。该舰的圆滑形状舰艏及艏部舰岛上方的整流罩均有助于降低风阻，外观线条也大幅简化。由于预算不足，目前“伊丽莎白女王”级并未采用昂贵的核反应堆，而是较便宜的柴油机及发电机组。

“伊丽莎白女王”级航空母舰的自卫武装相当精简，包括3座美制Mk 15 Block 1B“密集阵”近程防御武器系统，以及4座30毫米DS-30B遥控机炮。该级舰的主要对空雷达是泰雷兹S-1850M电子扫描雷达。

英文名称：Queen Elizabeth Class Aircraft Carrier

研制国家：英国

制造厂商：罗塞斯造船厂

生产数量：2艘

服役时间：2017年至今

主要用户：英国海军

Warships

基本参数

满载排水量	65000吨
全长	280米
全宽	39米
吃水	11米
最高航速	25节以上
续航距离	10000海里
舰员	679人
发动机功率	36000千瓦
舰载机数量	40架

▲ 建造中的“伊丽莎白女王”级航空母舰

▼ “伊丽莎白女王”级航空母舰结构图

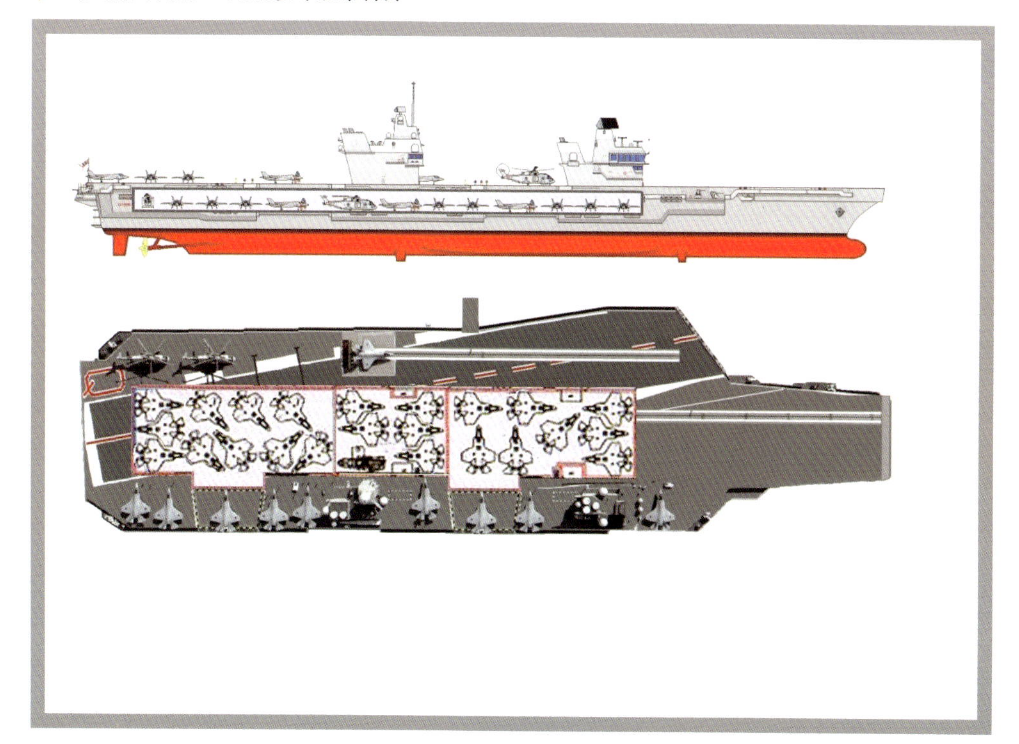

“女将”级护卫舰

“女将”（Amazon）级护卫舰是英国研制的护卫舰，也称为21型，一共建造了8艘。

“女将”级护卫舰的舰体采用民间船舶的规格来建造，各种装备也力求精简。“女将”级的整体外形与过去的英国海军军舰有许多不同，外形较为简洁流畅，颇有快速游艇的风格。为了减轻上部重量以利于航行性能，上层结构大量采用铝合金材料制造。

“女将”级护卫舰的主要武器包括：1座Mk 8型114毫米高平两用炮，4具“飞鱼”反舰导弹发射器，2门20毫米厄利空机炮，1座GWS-24型“海猫”防空导弹四联装发射架，2座Mk 32型324毫米短鱼雷发射器。此外，该级舰还可搭载1架“山猫”HAS.2反潜直升机。

英文名称： Amazon Class Frigate

研制国家： 英国

制造厂商： 斯旺·亨特造船厂

生产数量： 8艘

服役时间： 1974 ~ 2021年

主要用户： 英国海军、巴基斯坦海军

基本参数

满载排水量	3360吨
全长	117米
全宽	12.7米
吃水	5.8米
最高航速	32节
续航距离	4000海里
舰员	175人
发动机功率	36775千瓦
舰载机数量	1架

“大刀”级护卫舰

“大刀”（Broadsword）级护卫舰是英国研制的多用途护卫舰，也称为22型，一共建造了14艘，在1979～2011年间服役。

“大刀”级护卫舰与英国海军之后的“公爵”级护卫舰外形相似，特别是上层建筑形状，主要区别是：艏楼前端为六联装“海狼”舰对空导弹发射箱，而“公爵”级为垂直发射的“海狼”导弹系统。“大刀”级护卫舰的机库顶端也配有1座六联装“海狼”舰空导弹发射箱。除第三批次外，其余批次的“大刀”级护卫舰在舰艏装有1座四联装“飞鱼”舰对舰导弹发射箱。

第三批次的“大刀”级护卫舰装有2座四联装“鱼叉”反舰导弹发射器，1座“守门员”近程防御武器系统，并在舰桥上方两侧各加装一座GSA-8“海弓箭”光电射控仪，用于指挥20毫米机炮。

英文名称：
Broadsword Class Frigate

研制国家：英国

制造厂商：斯旺·亨特造船厂

生产数量：14艘

服役时间：1979～2011年

主要用户：英国海军

Warships

★★★

基本参数

满载排水量	4800吨
全长	148.1米
全宽	14.8米
吃水	6.4米
最高航速	30节
续航距离	4500海里
舰员	250人
发动机功率	40000千瓦
舰载机数量	2架

“公爵”级护卫舰

“公爵”（Duke）级护卫舰是英国研制的护卫舰，也称为23型，一共建造了16艘，从1987年服役至今。

“公爵”级护卫舰的岛式建筑分为三部分：前部艏楼较宽，高度较低。塔桅粗大，中部为烟囱，后部为机库，机库前端有低桅。该级舰的舰艏角度较小，前甲板武器配置很有特色，前端为一座114毫米单管舰炮，中部为“海狼”舰空导弹垂直发射系统，艏楼前为两部交叉配置的四联装“鱼叉”反舰导弹筒式发射架。

“公爵”级护卫舰的主要武器包括：2座四联装“鱼叉”舰对舰导弹发射装置，32单元“海狼”舰对空导弹垂直发射装置，1门维克斯114毫米Mk 8舰炮，2座30毫米舰炮，2座双联装324毫米固定式鱼雷发射管。

英文名称：Duke Class Frigate
研制国家：英国
制造厂商：斯旺·亨特造船厂
生产数量：16艘
服役时间：1987年至今
主要用户：英国海军

基本参数

满载排水量	4900吨
全长	133米
全宽	16.1米
吃水	7.3米
最高航速	28节
续航距离	7500海里
舰员	185人
发动机功率	19500千瓦
舰载机数量	4架

“谢菲尔德”级驱逐舰

“谢菲尔德”（Sheffield）级驱逐舰是英国于20世纪70年代开始建造的导弹驱逐舰，也称为42型，一共建造了16艘。

“谢菲尔德”级驱逐舰为高干舷平甲板型的双桨双舵全燃动力装置驱逐舰。主船体划分为18个水密舱段，舰内设二层连续甲板。上层建筑分间断的前后两部分。舰艉设有飞行甲板，可搭载1架直升机。主船体与上层建筑采用钢质结构，船体采用纵骨架式结构，甲板间高为2.44米。重要部位选用A级高强度钢，其他部位选用B级钢。

“谢菲尔德”级驱逐舰的武器装备包括2座四联装“鱼叉”反舰导弹，2座三联装324毫米鱼雷发射架，1座双联装GWS30“海标枪”防空导弹发射装置，2座20毫米GAM-B01炮，2座20毫米MK 7A炮等。

英文名称：
Sheffield Class Destroyer

研制国家： 英国

制造厂商： 斯旺·亨特造船厂

生产数量： 16艘

服役时间： 1975～2025年

主要用户： 英国海军、阿根廷海军

Warships

★★★

基本参数

满载排水量	5350吨
全长	141.1米
全宽	14.9米
吃水	5.8米
最高航速	30节
续航距离	4000海里
舰员	254人
发动机功率	37000千瓦
舰载机数量	2架

“勇敢”级驱逐舰

“勇敢”（Daring）级驱逐舰又称为45型驱逐舰，一共建造了6艘，从2009年服役至今，目前是英国海军主力导弹驱逐舰。

“勇敢”级驱逐舰采用模块化建造方式，主承包商承造舰体与次承包商制造次系统在同时进行，舰体完成后，直接送到造船厂进行组装。由于采用模块化建造，不仅减少了建造时间与成本，未来进行维修、改良也十分便利。为了对抗北大西洋上恶劣的风浪，“勇敢”级的舰炮前方设有大型挡浪板。

“勇敢”级驱逐舰装有两座四联装“鱼叉”反舰导弹发射器，用于反舰。反潜方面，依靠“山猫”直升机（1架）、“阿斯洛克”反潜导弹和324毫米鱼雷。对陆攻击方面，可凭借Mk 41垂直发射系统发射“战斧”导弹。防空方面，依靠“紫菀”防空导弹。

英文名称：Daring Class Destroyer

研制国家：英国

制造厂商：BAE系统公司

生产数量：6艘

服役时间：2009年至今

主要用户：英国海军

Warships

基本参数

基本参数	
满载排水量	7350吨
全长	152.4米
全宽	21.2米
吃水	5米
最高航速	27节
续航距离	7000海里
舰员	297人
发动机功率	40000千瓦
舰载机数量	2架

“亨特”级扫雷舰

“亨特”（Hunt）级扫雷舰是英国于20世纪70年代末开始建造的扫雷舰，一共建造了13艘，从1979年服役至今。

“亨特”级扫雷舰是有史以来最大的不用玻璃钢建造的军舰，也是最后一个使用三角形二冲程柴油发动机的军舰。它采用高干舷主甲板，贯通式主甲板向后倾斜过渡延伸至艇艉作业甲板。30毫米舰炮位于前甲板中部，艇中上层建筑前缘装有高大的舰桥，锥形封闭式主桅位于艇中部，导航雷达天线位于舰桥顶部。大型烟囱装有黑色顶罩，位于主桅后方。多种猎雷和扫雷装备位于后甲板。

“亨特”级扫雷舰的武器装备包括1门30毫米DS30B舰炮，2门20毫米GAM-C01炮，2挺7.62毫米口径机枪。水雷战对抗装备包括2部PAP 104/105型遥控可潜扫雷具、MS 14磁性探雷指示环装置、斯佩里MSSA Mk1拖曳式水声扫雷装置、常规K8型奥罗柏萨扫雷具。

英文名称：
Hunt Class Minesweeper

研制国家：英国

制造厂商：
沃斯珀·桑尼克罗夫特公司

生产数量：13艘

服役时间：1979年至今

主要用户：英国海军

Warships

基本参数

满载排水量	750吨
全长	60米
全宽	9.8米
吃水	2.2米
最高航速	17节
续航距离	1500海里
舰员	45人
发动机功率	2640千瓦

"桑当"级扫雷舰

"桑当"（Sandown）级扫雷舰是英国于20世纪80年代研制的扫雷舰，一共建造了15艘，从1989年服役至今。

"桑当"级扫雷舰使用目前最先进的玻璃钢艇体技术建造，为单层结构，并用先进的模压技术将骨架与艇壳制成一体。这个玻璃钢壳体本身是横骨架式，但由于将骨架和艇壳做成一体，就省去了船体结构中昂贵、复杂的连接构件。

"桑当"级与意大利的"吉埃塔"级、瑞典的"兰德索尔特"级和法国的"埃里丹"级被认为是当今世界上最先进的4级反水雷舰艇。"桑当"级扫雷舰的电子装备包括凯尔文·休斯1007型导航雷达系统、马可尼2093型变深水雷搜索/识别声呐。武器装备包括1门30毫米DS30B舰炮、ECA扫雷系统、2部"路障"诱饵发射装置。

英文名称：
Sandown Class Minesweeper

研制国家：英国

制造厂商：
沃斯珀·桑尼克罗夫特公司

生产数量：15艘

服役时间：1989年至今

主要用户：英国海军

Warships

基本参数

满载排水量	484吨
全长	52.5米
全宽	10.9米
吃水	2.3米
最高航速	13节
续航距离	3000海里
舰员	34人
发动机功率	1136千瓦

“海神之子”级船坞登陆舰

“海神之子”（Albion）级船坞登陆舰是英国于20世纪末建造的船坞登陆舰，一共建造了2艘。

“海神之子”级船坞登陆舰的上层结构和一号甲板是指挥中心和舰桥；二号甲板是生活区，供船员和部队居住；三号至六号甲板后部是坞舱，可容纳4艘通用登陆艇，前部是车库、轮机舱和储存库。此外，舰艉设有飞行甲板，可供2架直升机升降。

“海神之子”级船坞登陆舰既能利用登陆艇和直升机登上海岸，也可以通过集成的指挥、控制和通信系统协调两栖作战行动。尽管该级舰载机数量不多，难以进行较强的垂直登陆作战，但可携带有多种登陆装备，除登陆车辆外，还可携带登陆艇，具有较强的舰到岸平面登陆作战能力。尤其是该舰能接近登陆滩头作战，便于第一波登陆部队抢滩登陆，为后续部队建立稳固的滩头阵地。

英文名称：Albion Class Amphibious Transport Dock
研制国家：英国
制造厂商：BAE系统公司
生产数量：2艘
服役时间：2003～2025年
主要用户：英国海军

Warships

基本参数

满载排水量	18500吨
全长	176米
全宽	28.9米
吃水	7.1米
最高航速	18节
续航距离	7000海里
舰员	325人
舰载机数量	2架

“勇士”级攻击型核潜艇

“勇士”（Valiant）级核潜艇是英国研制的第一代攻击型核潜艇，一共建造了5艘，在1966~1994年间服役。

“勇士”级核潜艇装备了先进的雷达和声呐等电子设备，包括1007型对海搜索雷达、2026拖曳声呐、汤姆森2040型警戒声呐、2007型被动测距声呐、2019型声呐侦察声呐等。该级艇的动力装置由 1座压水堆和2台蒸汽轮机组成。

“勇士”级核潜艇的主要武器为艇艏的6具533毫米鱼雷管，可发射总数多达32枚的“鱼叉”导弹和“虎鱼”MK 24-2型鱼雷。该级艇的水上航速为20节，水下航速达30节。

英文名称：Valiant Class Nuclear-powered Submarine
研制国家：英国
制造厂商：BAE系统公司
生产数量：5艘
服役时间：1966~1994年
主要用户：英国海军

Warships

★★☆

基本参数

潜航排水量	4900吨
全长	86.9米
全宽	10.1米
吃水	8.2米
潜航速度	29节
潜航深度	300米
续航距离	接近无限
艇员	103人

“敏捷”级攻击型核潜艇

“敏捷”（Swiftsure）级核潜艇是英国研制的第二代攻击型核潜艇，一共建造了6艘，在1973～2010年间服役。

与英国第一代攻击型核潜艇“勇士”级相比，“敏捷”级核潜艇的艇体显得丰满、稍短，前水平舵靠前，少一具鱼雷发射管。

“敏捷”级核潜艇主要用于发现并摧毁敌方潜艇、护卫战略弹道导弹潜艇，必要时也可用来攻击地面目标。与“勇士”级相比，“敏捷”级的下潜深度和航速有所增加。“敏捷”级装备的武器有休斯公司的“战斧”潜射型巡航导弹、麦道公司的潜射“鱼叉”导弹，还有马可尼公司的“旗鱼”线导鱼雷和“虎鱼”鱼雷等。

英文名称：Swiftsure Class Nuclear-powered Submarine

研制国家：英国

制造厂商：BAE系统公司

生产数量：6艘

服役时间：1973～2010年

主要用户：英国海军

基本参数

潜航排水量	4900吨
全长	82.9米
全宽	9.8米
吃水	8米
潜航速度	30节
潜航深度	450米
续航距离	接近无限
艇员	116人

“特拉法尔加”级攻击型核潜艇

“特拉法尔加”（Trafalgar）级核潜艇是英国第三代攻击型核潜艇，一共建造了7艘。

“特拉法尔加”级核潜艇采用长宽比为8.7：1的水滴线形艇体，有利于提高航速。艇体为单壳体结构，艇壳使用QN-1型钢制造，艇体外表面装有消声瓦。“特拉法尔加”级是同期世界上噪音最低的潜艇之一，它率先采用浮筏减振，首次在潜艇上采用泵喷射推进器，并选用经过淬火的高频硬化齿轮。

“特拉法尔加”级核潜艇具有反潜、反舰和对陆攻击的全面作战能力，其艇艏装有5具533毫米鱼雷发射管，可发射“战斧”巡航导弹、“鱼叉”反舰导弹、“矛鱼”鱼雷和“虎鱼”鱼雷，不携带鱼雷时可载50枚MK5“石鱼”或MK6“海胆”水雷。

英文名称：Trafalgar Class Nuclear-powered Submarine
研制国家：英国
制造厂商：BAE系统公司
生产数量：7艘
服役时间：1983～2024年
主要用户：英国海军

Warships

★★★

基本参数

潜航排水量	5208吨
全长	85.4米
全宽	9.8米
吃水	9.5米
潜航速度	32节
潜航深度	600米
续航距离	接近无限
艇员	130人

“机敏”级攻击型核潜艇

“机敏”（Astute）级核潜艇是英国研制的第四代攻击型核潜艇，一共建造了2艘，从2010年服役至今。

“机敏”级核潜艇采用模块化设计，使系统维修升级更加简单，原来需要2～3天才能完成安装的动力系统，只需要5小时左右就可安装完毕。“机敏”级核潜艇以光纤红外热成像摄像机取代了传统潜望镜，它不再保留传统形式的光学潜望镜，取而代之的是两套非壳体穿透型CMO10光电桅杆，包括热成像、微光电视和计算机控制的彩色电视传感器。

“机敏”级核潜艇的艇艏装有6具533毫米鱼雷发射管，可发射“旗鱼”鱼雷、“鱼叉”反舰导弹和“战斧”对陆攻击巡航导弹，鱼雷和导弹的装载总量为38枚，也可携带水雷作战。

英文名称：Astute Class Nuclear-powered Submarine

研制国家：英国

制造厂商：BAE系统公司

生产数量：2艘

服役时间：2010年至今

主要用户：英国海军

基本参数

潜航排水量	7800吨
全长	97米
全宽	11.3米
吃水	10米
潜航速度	32节
潜航深度	300米
续航距离	接近无限
艇员	98人

“决心”级弹道导弹核潜艇

“决心”（Resolution）级核潜艇是英国研制的第一代弹道导弹核潜艇，一共建造了4艘。

“决心”级核潜艇的艇体采用近似拉长的水滴形，有利于水下航行。艇艏水线以下设有6具鱼雷发射管，呈双排纵列布置。艏部非耐压壳设有水平舵，靠近表面甲板，水平舵可以向上折起，避免靠岸时碰撞。指挥台围壳相对较小，其后是弹道导弹垂直发射筒，左、右舷各一排，每排8个。

“决心”级核潜艇装有16具弹道导弹垂直发射筒，用来发射从美国购买的16枚射程为4630千米的“北极星”A3导弹。

英文名称：Resolution Class Nuclear-powered Submarine

研制国家：英国

生产数量：4艘

服役时间：1968～1996年

主要用户：英国海军

Warships

★★★

基本参数

潜航排水量	8500吨
全长	129.5米
全宽	10.1米
吃水	9.1米
潜航速度	25节
潜航深度	350米
续航距离	接近无限
艇员	143人

“前卫”级弹道导弹核潜艇

“前卫”（Vanguard）级核潜艇是英国于20世纪80年代建造的第二代弹道导弹核潜艇，一共建造了4艘，从1993年服役至今。

“前卫”级核潜艇采用水滴形艇体，艇的长宽比为11.7：1，略显瘦长。艇体结构为单双壳体混合型，有利于降低艇体阻力和提高推进效率。艇体外形光顺，航行阻力较低，并敷有消声瓦。此外，艇壳上的流水孔很少，表面光滑，从而减少了水动力噪音。艇内布置有艏鱼雷舱、指挥舱、导弹舱、辅机舱、反应堆舱、主机舱6个舱室。

“前卫”级核潜艇装备了先进的“三叉戟”Ⅱ型导弹，一共16枚。每枚导弹可携带8个威力为150千克梯恩梯当量的分导式多弹头，每艘艇的弹头数为128个，总威力为19200千克梯恩梯当量。

英文名称：Vanguard Class Nuclear-powered Submarine
研制国家：英国
制造厂商：维克斯造船厂
生产数量：4艘
服役时间：1993年至今
主要用户：英国海军

基本参数

潜航排水量	15900吨
全长	149.9米
全宽	12.8米
吃水	12米
潜航速度	25节
潜航深度	400米
续航距离	接近无限
艇员	135人

“拥护者”级常规潜艇

“拥护者”（Upholder）级潜艇是英国在20世纪70年代末期研制的常规潜艇，一共建造了4艘，从1990年服役至今。

“拥护者”级潜艇为单艇壳的水滴形艇身设计，艇身由高张力钢制成，可使其拥有较高的潜航速度。艇身宽长比极高，且压力壳直径大，使得艇内拥有两层广阔的甲板。压力壳内分为三个水密隔舱间，推进机室与发动机室都位于后段隔舱，发动机室位于推进机具之前，两者之间由隔音舱隔开。

“拥护者”级潜艇装有6具鱼雷发射管，搭载的鱼雷为“虎鱼”Mk 24 Mod 2线导鱼雷，可选用较复杂且较快速的“剑鱼”鱼雷。“拥护者”级潜艇还装备了麦克唐纳·道格拉斯公司的潜射“鱼叉”反舰导弹，采用主动雷达寻的，射程达130千米。

英文名称：
Upholder Class Submarine

研制国家：英国

制造厂商：维克斯造船厂

生产数量：4艘

服役时间：1990年至今

主要用户：英国海军

基本参数

潜航排水量	2455吨
全长	70.3米
全宽	7.6米
吃水	5.5米
潜航速度	20节
潜航深度	200米
续航距离	9200海里
艇员	48人

第5章

法国舰船

法国海军（法语：Marine nationale）创建于17世纪初，至今已有300多年的历史。法国海军于20世纪60年代开始进入鼎盛时期，至70～80年代，法国海军提升了其远洋进攻能力，其实力仅次于美国海军和苏联海军，与英国皇家海军实力相当。当前，法国海军依然保持着较强的作战能力，其装备序列中不仅包括1艘核动力航空母舰和多艘核潜艇，还涵盖了一定数量的驱逐舰、护卫舰以及两栖舰艇，展现出其在海上的综合军事实力。

“絮弗伦”级巡洋舰

“絮弗伦”（Suffren）级巡洋舰是法国于20世纪20年代开始建造的重型巡洋舰，一共建造了4艘，在1930～1947年间服役。

“絮弗伦”级巡洋舰吸取了法国第一种条约型重型巡洋舰“迪凯纳”级装甲薄弱的缺点，进行了加强。舷侧装甲最厚为60毫米，甲板装甲最厚为30毫米，炮塔和司令塔装甲为30毫米，弹药库装甲最厚为60毫米。

“絮弗伦”级巡洋舰的主要武器包括：4座203毫米双联装炮塔，8门75毫米单管高炮（“絮弗伦”号），1座90毫米双联装高炮（“迪普莱科斯”号，“福煦”号、“科尔贝尔”号为单管），8门37毫米单管炮（“絮弗伦”号，其余各舰为6门），16挺13.2毫米机关枪（“迪普莱科斯”号），2座三联装550毫米鱼雷发射管。

英文名称：Suffren Class Cruiser
研制国家：法国
制造厂商：法国舰艇建造局
生产数量：4艘
服役时间：1930～1947年
主要用户：法国海军

Warships ★★★

基本参数

满载排水量	12780吨
全长	194米
全宽	20米
吃水	7.3米
最高航速	31节
续航距离	4500海里
舰员	752人
发动机功率	67000千瓦
舰载机数量	3架

“克莱蒙梭”级航空母舰

“克莱蒙梭”（Clemenceau）级航空母舰是法国自行建造的第一级航空母舰，一共建造了2艘，在1961～2000年间服役。

“克莱蒙梭”级航空母舰属于传统式设计，拥有倾斜度8度的斜形飞行甲板、单层装甲机库，以及法国自行设计的镜面辅助降落装置，两具升降机，两具弹射器，一具在飞行甲板前端，一具在斜形甲板上。

“克莱蒙梭”级航空母舰曾是世界上唯一能起降固定翼飞机的中型航空母舰，主要装载10架F-8“十字军”战斗机、16架“超军旗”攻击机、3架“军旗”Ⅳ攻击机、7架“贸易风”反潜机和4架“云雀”Ⅲ直升机。

英文名称：
Clemenceau Class Aircraft Carrier
研制国家：法国
制造厂商：法国舰艇建造局
生产数量：2艘
服役时间：1961～2000年
主要用户：法国海军

基本参数

满载排水量	32780吨
全长	265米
全宽	51.2米
吃水	8.6米
最高航速	32节
续航距离	7500海里
舰员	1821人
发动机功率	92673千瓦
舰载机数量	40架

“夏尔·戴高乐”号航空母舰

“夏尔·戴高乐”（Charles De Gaulle）号航空母舰是法国海军目前仅有的一艘航空母舰，从2001年服役至今。

与美国的核动力航空母舰一样，“夏尔·戴高乐”号航空母舰也采用斜向飞行甲板，而未采用欧洲航空母舰常见的滑跃式甲板设计。该舰还是史上第一艘在设计时加入了隐身性能考量的航空母舰。由于吨位仅有美国同类舰只的一半，所以“夏尔·戴高乐”号配备了两座弹射器，而美军的核动力航空母舰通常为4座。另外，舰载机容量也只有美国同类舰只的一半。

“夏尔·戴高乐”号航空母舰配有非常先进的电子设备与法国最新的“紫苑”（Aster）15防空导弹与“萨德哈尔”（SADRAL）轻型短程防空导弹系统，使得整体攻击能力远远超过法国以往拥有过的几艘航空母舰，同时也是现阶段欧洲综合战斗力最强的航空母舰。

英文名称：Charles De Gaulle Class Aircraft Carrier
研制国家：法国
制造厂商：法国舰艇建造局
生产数量：1艘
服役时间：2001年至今
主要用户：法国海军

基本参数

满载排水量	42500吨
全长	261.5米
全宽	31.5米
吃水	9.4米
最高航速	27节
续航距离	接近无限
舰员	1350人
发动机功率	61000千瓦
舰载机数量	40架

“花月”级护卫舰

“花月”（Floreal）级护卫舰是法国于20世纪90年代初开始建造的护卫舰，法国海军一共装备了6艘，从1992年服役至今。

“花月”级护卫舰的舰体以商船的标准建造，不过仍和军规同标准设置水密隔舱。舰体设计的最大特色就是粗短肥胖，长宽比仅6.88，在军舰中极为罕见，这使得它拥有极佳的稳定性，在五级海况下仍能让直升机起降。不过短胖的代价就是航行阻力大增，降低了航速。由于任务上的特性，“花月”级的舰体完全没有使用同时期“拉斐特”级采用的舰体隐身设计。

“花月”级护卫舰的主要武器包括1座100毫米全自动舰炮，2座“吉亚特”20F2型舰炮，以及2枚“飞鱼”MM38型反舰导弹。此外，该级舰还可搭载1架AS 332F“超美洲豹”直升机或AS 565“黑豹”直升机。

英文名称： Floreal Class Frigate

研制国家： 法国

制造厂商： 法国舰艇建造局

生产数量： 6艘

服役时间： 1992年至今

主要用户： 法国海军

Warships

★★★

基本参数

满载排水量	2950吨
全长	93.5米
全宽	14米
吃水	4.3米
最高航速	20节
续航距离	10000海里
舰员	88人
发动机功率	7300千瓦
舰载机数量	1架

“拉斐特”级护卫舰

“拉斐特”（Lafayette）级护卫舰是法国于20世纪80年代末研制的导弹护卫舰，一共建造了20艘，从1996年至今。

“拉斐特”级护卫舰的舰体线条流畅，不仅有利于提高隐身性能，也极具艺术美感，充分体现了法国优良的造船工艺和审美观念。“拉斐特”级上除了必须暴露的武器装备和电子设备，其他设备一律隐蔽安装，舰体以上甲板异常整洁，除了一座舰炮，几乎没有任何突出物。

“拉斐特”级护卫舰的主要武器包括：1座八联装“响尾蛇”CN2防空导弹系统，用于中远程防空；2座四联装“飞鱼”MM40反舰导弹发射架，装载8枚“飞鱼”导弹，用于反舰；1座100毫米自动炮，弹库可以容纳600发炮弹，用于防空、反舰；2座人工操作20毫米炮，主要在执行海上保安任务时使用。

英文名称：Lafayette Class Frigate
研制国家：法国
制造厂商：法国舰艇建造局
生产数量：20艘
服役时间：1996年至今
主要用户：法国海军

基本参数

满载排水量	3600吨
全长	125米
全宽	15.4米
吃水	4.1米
最高航速	25节
续航距离	9000海里
舰员	80人
发动机功率	16000千瓦
舰载机数量	1架

“乔治·莱格”级驱逐舰

“乔治·莱格”（Georges Leygues）级驱逐舰是法国建造的反潜驱逐舰，又称为F70型，一共建造了7艘，从1979年服役至今。

“乔治·莱格”级驱逐舰采用方尾，尾板在水线之上，尾端没有浸水，从而减少了舰体的浸水表面积，有利于降低低速航行时的阻力。

“乔治·莱格”级驱逐舰装有1座八联装“响尾蛇”舰空导弹发射装置，1座双联装“西北风”近程防空导弹系统，4座单装MM38型“飞鱼”反舰导弹发射装置，后五艘改为2座四联装MM40型。此外，还装有1门100毫米全自动炮和2门厄利空20毫米单管炮。远程反潜任务主要由2架舰载“山猫”直升机承担。

英文名称：

Georges Leygues Class Destroyer

研制国家：法国

制造厂商：法国舰艇建造局

生产数量：7艘

服役时间：1979年至今

主要用户：法国海军

基本参数

满载排水量	4350吨
全长	139米
全宽	14米
吃水	5.5米
最高航速	30节
续航距离	9500海里
舰员	235人
发动机功率	19388千瓦
舰载机数量	2架

“卡萨尔”级驱逐舰

“卡萨尔”（Cassard）级驱逐舰是法国在“乔治·莱格”级基础上改进而来的防空型驱逐舰，一共建造了2艘，从1988年服役至今。

“卡萨尔”级驱逐舰是全焊接的钢质平甲板舰体，纵骨架式结构。甲板艏部为负5度的马鞍形弧，增大了火炮的射击扇面。上层建筑采用铝合金制造，舰桥位置比“乔治·莱格”级驱逐舰后移，且位置略有升高。作战室布置在上层建筑内，与驾驶室毗邻。

“卡萨尔”级驱逐舰装有1门单管68型100毫米舰炮，2门Mk 10型20毫米舰炮，2挺12.7毫米机枪，1座Mk 13 Mod 5型单臂发射架（备“标准”舰空导弹40枚），2座六联装发射装置（备“西北风”点防御导弹12枚），2座四管发射装置（备8枚“飞鱼”反舰导弹），2座KD59E固定型鱼雷发射装置（备10枚反潜鱼雷），2座“达盖”干扰火箭和2座10管“萨盖”远程干扰火箭。

英文名称：
Cassard Class Destroyer

研制国家：法国

制造厂商：法国舰艇建造局

生产数量：2艘

服役时间：1988年至今

主要用户：法国海军

Warships

★★★

基本参数

满载排水量	4700吨
全长	139米
全宽	14米
吃水	6.5米
最高航速	29.5节
续航距离	7126海里
舰员	250人
发动机功率	31000千瓦
舰载机数量	1架

法国/意大利“地平线”级驱逐舰

“地平线”（Horizon）级驱逐舰是法国和意大利联合设计制造的新型防空驱逐舰，一共建造了4艘，从2008年服役至今。

“地平线”级驱逐舰采用的海军战术情报处理系统、近程防御系统等均由法国自主研制。基本型的法国“地平线”级驱逐舰的满载排水量为7050吨，意大利版为6700吨；舰长均为151.6米；法国版的舰宽为20.3米，意大利版为17.5米；法国版的吃水深度为4.8米，意大利版为5.1米。

“地平线”级驱逐舰汇集多种功能于一身，除为航空母舰提供有效的防空火力支援外，还具有较强的反潜、反舰及对岸作战能力。该级舰装备的主防空导弹系统（PAAMS）由欧洲多功能相控阵雷达（EMPAR）、“席尔瓦”垂直发射系统以及“紫菀”导弹组成。在反舰方面，法国版选用MM40“飞鱼”导弹，意大利版选用“奥托马特”MK 3导弹。在反潜方面，“地平线”级拥有2座三联装鱼雷发射系统。

英文名称：
Horizon Class Destroyer

研制国家：法国

制造厂商：法国舰艇建造局

生产数量：4艘

服役时间：2008年至今

主要用户：法国海军

基本参数

满载排水量	7050吨
全长	151.6米
全宽	20.3米
吃水	4.8米
最高航速	29节
续航距离	7000海里
舰员	255人
发动机功率	20500千瓦
舰载机数量	1架

法国/荷兰/比利时“三伙伴”级扫雷舰

“三伙伴”（Tripartite）级扫雷舰是法国、荷兰、比利时联合研制的扫雷舰，一共建造了45艘，从1981年服役至今。

“三伙伴”级扫雷舰采用高舰艏、高干舷，贯通式主甲板向后下降过渡至低干舷后甲板。低矮的上层建筑从前甲板延伸到后甲板，柱式主桅位于舰桥后缘顶部，低矮的锥形烟囱装有黑色顶罩，顶部略倾，位于上层建筑顶部；后甲板装有小型起重机。

“三伙伴”级扫雷舰的扫雷系统由声呐、精密定位导航设备、情报中心、灭雷装置等组成。舰上DUBM-21A舰壳声呐能同时摸索和识别沉底雷和锚雷。搜索水雷深度可达80米，搜索距离大于500米，辨认水雷深度可达60米。在沿岸水域，定位误差不大于15米。该级舰还能以8节的航速拖曳切割扫雷具。

英文名称：
Tripartite Class Minesweeper

研制国家：法国、荷兰、比利时

制造厂商：法国舰艇建造局

生产数量：45艘

服役时间：1981年至今

主要用户：法国海军

基本参数

满载排水量	605吨
全长	51.5米
全宽	8.7米
吃水	3.6米
最高航速	15节
续航距离	3000海里
舰员	36人
发动机功率	1730千瓦

“斗士”级导弹艇

“斗士”（Fighter）级导弹艇是法国在1964～1981年间建造的导弹艇，分为Ⅰ型、Ⅱ型和Ⅲ型，共建造了52艘。

“斗士”级导弹艇的贯通式主甲板由艇艏延伸至艇艉，艇中后方倾斜的平板式上层建筑顶部装有高大粗壮的封闭式桅杆和细长的柱式桅杆，舰桥顶部装有鞭状天线，40毫米舰炮位于舰桥上层建筑前缘。Ⅰ型主要作为法国海军的对舰导弹系统的试验平台。Ⅱ型是在Ⅰ型基础上改进而来，法国海军未装备，主要供出口，各国的名称各不相同，武器各也不一样。Ⅲ型与Ⅱ型相似，但是船体更大，并装载有鱼雷。

“斗士”级导弹艇装有1门40毫米舰炮，1座六联装“西北风”防空导弹发射装置（位于上层建筑顶部桅杆后方），2座双联装“海鸥”反舰导弹箱式发射装置（位于艇艉）。除此之外，“斗士”级导弹艇还装有20毫米M621型机炮、12.7毫米机枪等武器。

英文名称：
Fighter Class missile boat
研制国家：法国
制造厂商：法国舰艇建造局
生产数量：52艘
服役时间：1964～1981年
主要用户：法国海军

Warships ★★★

基本参数

标准排水量	470吨
满载排水量	560吨
全长	64米
全宽	8.4米
吃水深度	2.5米
最高速度	37节
艇员	45人

“暴风”级船坞登陆舰

“暴风”（Ouragan）级船坞登陆舰是法国于20世纪60年代建造的船坞登陆舰，一共建造了2艘，在1965～2007年间服役。

“暴风”级船坞登陆舰的船坞设计新颖、结构独特。船坞长120米，约占舰长的83%。宽13.2米，为舰宽的60%。船坞内水深3米。在船坞内按需铺设有不同长度的平台，总长度可达90米，平台可承载滚装的运输车。该舰采用可变距螺旋桨推进，有较好的低速性能。

“暴风”级船坞登陆舰可装载343名陆战队队员，2艘能装载11吨坦克的登陆艇或8艘装有货物的运货平底驳船。舰上的固定平台可起降3架“超黄蜂”或10架“云雀”Ⅲ直升机，活动平台另可起降1架“超黄蜂”或3架“云雀”Ⅲ直升机。船坞可放400吨的物资或舰船。“暴风”级装有2座120毫米深水炸弹发射装置，4门博福斯40毫米炮。

英文名称：Ouragan Class Amphibious Transport Dock

研制国家：法国

制造厂商：法国舰艇建造局

生产数量：2艘

服役时间：1965～2007年

主要用户：法国海军

Warships

★★★

基本参数

满载排水量	8500吨
全长	149米
全宽	23米
吃水	5.4米
最高航速	17节
续航距离	9000海里
舰员	205人
发动机功率	6325千瓦
舰载机数量	3架、10架

“闪电”级船坞登陆舰

“闪电”（Foudre）级船坞登陆舰是法国于20世纪80年代末开始建造的船坞登陆舰，一共建造了2艘，从1990年服役至今。

“闪电”级船坞登陆舰采用计算机辅助设计和模块化建造方法，全舰由96个模块构成，每个模块重约80吨。该舰拥有容积为13000立方米的船坞，能当作一个浮动船坞使用。“闪电”级船坞登陆舰还有面积为500平方米的医院舱室，包括两个完全装备的手术室和47个床位。

“闪电”级船坞登陆舰的船坞能容纳10艘中型登陆艇，或者1艘机械化登陆艇和4艘中型登陆艇。可移动甲板用于提供车辆停车位或舰载直升机起降。“闪电”级船坞登陆舰还安装了一个船货升降机，升力高达52吨。另有一台起重机，额定吊运能力37吨。

英文名称： Foudre Class Amphibious Transport Dock

研制国家： 法国

制造厂商： 法国舰艇建造局

生产数量： 2艘

服役时间： 1990年至今

主要用户： 法国海军

Warships

★★★

基本参数

满载排水量	12000吨
全长	168米
全宽	23.5米
吃水	5.2米
最高航速	21节
续航距离	10961海里
舰员	160人
发动机功率	4250千瓦
舰载机数量	4架

“西北风”级两栖攻击舰

“西北风”（Mistral）级两栖攻击舰是法国于20世纪末研制的两栖攻击舰，法国海军一共装备了3艘，从2005年服役至今。此外，埃及海军也装备了2艘。

为了增强抵抗战损的能力，“西北风”级两栖攻击舰采用双层船壳构造和简洁的整体造型，上层建筑与桅杆均为封闭式设计，烟囱整合于后桅杆结构后方，部分区域采用能吸收雷达波的复合材料，能降低整体雷达截面积与红外线信号。该舰拥有面积长方形全通式飞行甲板，上层建筑位于右舷。

“西北风”级两栖攻击舰可以运载16架以上NH90或“虎”式武装直升机，以及70辆以上车辆，其中包含13辆主战车的运载维修空间。该级舰还设有900名陆战队员的运载空间。

英文名称：Mistral Class Amphibious Assault Ship
研制国家：法国
制造厂商：法国舰艇建造局
生产数量：5艘
服役时间：2005年至今
主要用户：法国海军、埃及海军

Warships
★★★

基本参数

满载排水量	21300吨
全长	199米
全宽	32米
吃水	6.3米
最高航速	18.8节
续航距离	10800海里
舰员	160人
发动机功率	6200千瓦
舰载机数量	16架、35架

“红宝石”级攻击型核潜艇

“红宝石”（Ruby）级核潜艇是法国研制的第一代攻击型核潜艇，一共建造了6艘，从1983年服役至今。

“红宝石”级核潜艇的艇体较小，限制了武器筹载、动力输出、持续航行能力以及乘员起居空间等，但也使“红宝石”级拥有较佳的操控性与灵活度。“红宝石”级过小的舰体也导致没有空间安装完善的隔音、降噪、减振等设备，导致轮机装备传入海中的噪音过大。

“红宝石”级核潜艇在艇艏装有4具533毫米鱼雷发射管，可发射鱼雷和导弹。鱼雷主要为F-17 Ⅱ型和L-5 Ⅲ型。该级潜艇还搭载了SM39“飞鱼”潜射反舰导弹，0.9马赫时射程50千米，战斗部重165千克。艇上共可携带鱼雷和导弹共18枚，在执行布雷任务时则可携带各型水雷。

英文名称： Ruby Class Nuclear-powered Submarine

研制国家： 法国

制造厂商： 法国舰艇建造局

生产数量： 6艘

服役时间： 1983年至今

主要用户： 法国海军

基本参数

潜航排水量	2600吨
全长	72.1米
全宽	7.6米
吃水	6.4米
潜航速度	25节
潜航深度	300米
续航距离	接近无限
艇员	70人
发动机功率	48000千瓦

“梭鱼”级攻击型核潜艇

“梭鱼”（Barracuda）级核潜艇是法国研制中的最新一级攻击型核潜艇，计划建造6艘。

“梭鱼”级核潜艇采用了先进的流体力学设计，艇体长宽比为11：1。艇壳直径8.8米，指挥台围壳居中靠近艇体艏部，显得苗条而又简洁。动力装置采用了一体化压水堆、电力推进技术和泵喷推进器，并大量应用了减振、降噪技术。该级艇还采用了敷设消声瓦、消除磁特征、减少红外辐射、降低核辐射水平、减少艇外排放物等措施，从而取得了不错的隐身效果。

“梭鱼”级核潜艇可以装备巡航导弹，以实现远距离深入打击，可执行的任务包括反舰、反潜，对地攻击，情报收集，危机处理和特种作战等。“梭鱼”级潜艇的4具鱼雷发射管可以发射总共20枚重型武器，包括重型鱼雷、SM39“飞鱼”反舰导弹和“斯卡尔普”海军巡航导弹等。同时，它还可以在艉部携带一个吊舱，可携带12名突击队员。

英文名称： Barracuda Class Nuclear-powered Submarine

研制国家： 法国

制造厂商： 法国舰艇建造局

生产数量： 6艘（计划）

服役时间： 2022年至今

主要用户： 法国海军

基本参数

潜航排水量	5300吨
全长	99.5米
全宽	8.8米
吃水	7.3米
潜航速度	25节
潜航深度	350米
续航距离	接近无限
艇员	60人
发动机功率	10000千瓦

“可畏”级弹道导弹核潜艇

“可畏”（Redoutable）级核潜艇是法国建造的弹道导弹核潜艇，一共建造了6艘。

“可畏”级核潜艇的结构近似水滴形，艇体长宽比为12：1。该级艇的动力装置为1座压水堆、2台蒸汽轮机，总功率11931千瓦，单轴推进。

“可畏”级核潜艇安装了4具533毫米鱼雷发射管，可携带18枚鱼雷。该级艇最初两艘上配置有M1潜射弹道导弹，其改良型M2及后续的M20、M4则在随后配置于所有的“可畏”级核潜艇上。M20拥有一枚具有120万吨梯恩梯威力的热融合核子弹头，射程约为3974千米。M20的扩大型M4潜射弹道导弹可携带6具15万吨威力的多目标弹头独立重返大气载具（MIRV），射程远达6114千米。

英文名称：Redoutable Class nuclear-powered submarine

研制国家：法国

制造厂商：法国舰艇建造局

生产数量：6艘

服役时间：1971～2008年

主要用户：法国海军

Warships

基本参数

潜航排水量	9000吨
全长	128米
全宽	10.6米
吃水	10米
潜航速度	25节
潜航深度	200米
续航距离	接近无限
艇员	162人
发动机功率	12000千瓦

“凯旋”级弹道导弹核潜艇

“凯旋”（Triomphant）级核潜艇是法国建造的弹道导弹核潜艇，一共建造了4艘，从1997年服役至今。

“凯旋”级核潜艇的艇体为细长水滴形，长宽比为11∶1，外形具有光顺的流线形表面。指挥台围壳居中靠近艏部，围壳前部置有围壳舵。艇艉水平舵端部设置了固定板，使其操纵面布置形式呈H状，以提高效率，降低噪音。艇壳材料采用HLES-100高强度钢，下潜深度可达500米。

“凯旋”级核潜艇装有16具弹道导弹发射筒，设计装备M-51导弹。该导弹为三级固体燃料导弹，射程11000千米，圆概率（即在同一个圆内的分布概率）偏差300米。每枚导弹可携带6个威力为15万吨梯恩梯当量的分导式热核弹头。该级艇艏部设置4具533毫米鱼雷发射管，可发射L5-3型两用主/被动声自导鱼雷或SM39“飞鱼”反舰导弹，鱼雷和反舰导弹可混合装载18枚。

英文名称：Triomphant Class Nuclear-powered Submarine
研制国家：法国
制造厂商：法国舰艇建造局
生产数量：4艘
服役时间：1997年至今
主要用户：法国海军

Warships

基本参数

潜航排水量	14335吨
全长	138米
全宽	12.5米
吃水	12.5米
潜航速度	25节
潜航深度	500米
续航距离	接近无限
艇员	111人
发动机功率	150000千瓦

“桂树神”级常规潜艇

“桂树神”（Daphne）级潜艇是法国研制的常规动力潜艇，又称为“女神”级，法国海军一共装备了11艘，在1964～2010年间服役。

“桂树神”级潜艇被法国认为是当时设计较好的一型潜艇，其大小适宜、水下航速大、低噪音、水下性能好和装备较强的电子设备，适于反潜使用。该级艇装有2台8PA4-185柴油机、2台电机，双轴推进。1971年，“桂树神”级潜艇改装了武器和电子探测装置。

“桂树神”级潜艇的主要武器为12具550毫米鱼雷发射管，艇艏8具，艇艉4具，备弹为12枚ECANE15型鱼雷。电子设备有DLT-D3型鱼雷发射控制系统、卡里普索对海搜索雷达、DSUV-2被动搜索声呐、DUUA-2主动搜索与攻击声呐、DUUX-2被动声呐等。

英文名称：
Daphne Class Submarine
研制国家：法国
制造厂商：法国舰艇建造局
生产数量：11艘
服役时间：1964～2010年
主要用户：法国海军

Warships ★★★

基本参数

潜航排水量	1038吨
全长	57.8米
全宽	6.8米
吃水	4.6米
潜航速度	16节
潜航深度	300米
续航距离	10000海里
艇员	50人

“阿格斯塔”级常规潜艇

“阿格斯塔”（Agosta）级潜艇是法国在20世纪70年代建造的常规动力潜艇，法国海军一共装备了4艘，在1977～2001年间服役。

“阿格斯塔”级潜艇沿用了法国老式潜艇的双壳体结构，双层壳体之间布置有压载水舱和燃油舱。艏部圆钝，横剖面呈椭圆形。中部为圆柱形流线体。艉部尖瘦，耐压艇体艉部端面为球面模压封头。十字形稳定翼、垂直舵和水平舵对称布置在艇艉部。

“阿格斯塔”级潜艇装有4具533毫米鱼雷发射管，可发射法国制造的Z16、E14与E15、L3与L5以及F17P等鱼雷。Z16为直航式鱼雷，主要用来攻击水面舰艇和大型商船。E14、E15为单平面被动寻的鱼雷，用以攻击水面舰艇。L3与L5为双平面主动寻的鱼雷，用来攻击潜艇。F17P为双平面主/被动寻的末端线导鱼雷，既能反舰，又能反潜。

英文名称：

Agosta Class Submarine

研制国家：法国

制造厂商：法国舰艇建造局

生产数量：4艘

服役时间：1977～2001年

主要用户：法国海军

Warships

基本参数

潜航排水量	1760吨
全长	67.6米
全宽	6.8米
吃水	5.4米
潜航速度	20节
潜航深度	350米
续航距离	8500海里
艇员	41人

法国/西班牙“鲉鱼”级常规潜艇

“鲉鱼”（Scorpene）级潜艇是法国和西班牙21世纪初联合研制的出口型常规动力潜艇，因此法国和西班牙两国并没有装备该级潜艇。

“鲉鱼”级潜艇采用了“金枪鱼”形的壳体形式，并尽可能减少了体外附属物的数量。艇上主要设备均采取弹性安装，在需要的部位还采用了双层减振。精心设计的螺旋桨具有较低的辐射噪音。由于潜艇的耐压壳体采用高拉伸钢建造，故重量轻，可使艇上装载更多的燃料和弹药，并使其随时根据需要下潜至最大深度。

“鲉鱼”级潜艇的所有控制和平台管理功能均可由控制室来实施。控制室中央设有战术平台，作战管理系统和平台控制系统由平台上的6个多功能通用显控台控制。该级艇装有6具533毫米鱼雷发射管，可发射18枚鱼雷或30枚水雷。此外，“鲉鱼”级潜艇还可以发射SM39“飞鱼”反舰导弹。

英文名称：
Scorpene Class Submarine

研制国家： 法国/西班牙

生产数量： 14艘（计划）

服役时间： 2005年至今

主要用户：
印度海军、马来西亚海军

Warships

★★★

基本参数

潜航排水量	2000吨
全长	76.2米
全宽	6.2米
吃水	5.5米
潜航速度	20节
潜航深度	350米
续航距离	6500海里
艇员	31人

第 6 章

其他国家舰船

世界各国海军实力除美国、俄罗斯、英国和法国外，还有其他一些国家的海军也具有十分强大的实力，但由于其经济和科技等资源限制，导致这些国家的海军规模不能达到世界一流水平，不过其研发的海军舰船等仍具有不可忽视的力量。

意大利“安德烈娅·多里亚”级巡洋舰

“安德烈娅·多里亚”（Andrea Doria）级巡洋舰是意大利于20世纪50年代建造的导弹巡洋舰，一共建造了2艘，在1964～1992年间服役。

“安德烈娅·多里亚”级巡洋舰是世界上专为反潜直升机设计建造的首批巡洋舰，艉部设有直升机甲板，可以容纳4架舰载直升机。后来设计建造出来的各种有垂直/短距起降飞机飞行甲板的舰只大约借鉴了“安德烈娅·多里亚”级的设计。

“安德烈娅·多里亚”级巡洋舰的导弹主要有2座双联装“小猎犬”舰对空导弹发射装置，位于前部。舰炮为8门76毫米炮。另外还有2座三联装鱼雷发射管。该级舰用途很广，反潜作战由舰载直升机完成，防空任务由远程舰对空导弹系统和舰炮完成，也可作为大型舰队的指挥舰。

英文名称：

Andrea Doria Class Cruiser

研制国家：意大利

制造厂商：芬坎蒂尼船厂

生产数量：2艘

服役时间：1964～1992年

主要用户：意大利海军

Warships

★★★

基本参数

满载排水量	6500吨
全长	149.3米
全宽	17.2米
吃水	5米
最高航速	30节
续航距离	6000海里
舰员	485人
发动机功率	45000千瓦
舰载机数量	4架

意大利“加里波第”号航空母舰

“加里波第”（Garibaldi）号航空母舰是意大利海军装备的第一艘轻型航空母舰。

“加里波第”号航空母舰的外形与英国“无敌”级航空母舰大致相同，也是直通式飞行甲板，甲板前部有6.5度的上翘。机库设在飞行甲板下面，长110米、宽15米、高6米，总面积1650平方米，平时14架飞机停放于机库，4架停放在甲板。在右舷上层建筑前后各有1部升降机，长18米、宽10米，载重15吨。

“加里波第”号航空母舰的武器配置齐全，反舰、防空及反潜三者兼备，既可作为航空母舰编队的指挥舰，又可单独行动。动力系统采用体积小、重量轻、功率大、启动快、操纵灵活的燃汽轮机，航速能达到30节，从静止状态到全功率状态只需3分钟。该舰的标准载机方式是8架AV-8B“海鹞”Ⅱ攻击机和8架SH-3D“海王”直升机。

英文名称：
Garibaldi Aircraft Carrier

研制国家：意大利

制造厂商：芬坎蒂尼船厂

生产数量：1艘

服役时间：1985～2024年

主要用户：意大利海军

Warships

★★★

基本参数

满载排水量	13370吨
全长	180.2米
全宽	33.4米
吃水	7.5米
最高航速	30节
续航距离	7000海里
舰员	550人
发动机功率	59575千瓦
舰载机数量	16架、18架

意大利“加富尔”号航空母舰

“加富尔”（Cavour）号航空母舰是意大利第二代可用于实战的主力战舰，从2008年服役至今。

“加富尔”号航空母舰使用全通飞行甲板，采用了英国“无敌”号航空母舰的滑跃式跑道设计。其飞行甲板长220米、宽34米，起飞行道长度180米、宽14米，斜坡甲板倾斜度为12度，有1个合成孔径雷达平台突出在外，飞机停放区位于跑道旁边，可停放12架舰载直升机（EH-101）或8架固定翼舰载机（AV-8B或F-35）。甲板上有6个直升机起降区，可以起降中型直升机。

“加富尔”号航空母舰的自卫武器为4座“紫苑”导弹发射系统、3座双联装40L70近程防空系统、2门76毫米超高速舰炮、3门25毫米防空炮。该舰的环境非常舒适，能为每位人员提供高品质的住宿条件和高品质的服务。

英文名称： Cavour Aircraft Carrier
研制国家： 意大利
制造厂商： 芬坎蒂尼船厂
生产数量： 1艘
服役时间： 2008年至今
主要用户： 意大利海军

Warships

基本参数

满载排水量	30000吨
全长	244米
全宽	39米
吃水	8.7米
最高航速	28节
续航距离	7000海里
舰员	450人
发动机功率	88000千瓦
舰载机数量	30架

意大利“西北风”级护卫舰

“西北风”（Maestrale）级护卫舰是意大利海军于20世纪80年代装备的多用途护卫舰，一共建造了8艘，从1981年服役至今。

“西北风”级护卫舰的舰体构型相当合理，改善了适航性以及高速性能。“西北风”级的螺旋桨直径较大，使其转速变慢以减少噪音，利于反潜作战。

“西北风”级护卫舰装有4座奥托马特舰对舰导弹发射装置、1座“信天翁”舰对空导弹发射装置、1座127毫米全自动舰炮、2座双联装40毫米舰炮、2座105毫米二十联装火箭发射装置、2座三联装鱼雷发射装置。此外，该级舰还可搭载两架反潜直升机。

英文名称： Maestrale Class Frigate

研制国家： 意大利

制造厂商： 芬坎蒂尼船厂

生产数量： 8艘

服役时间： 1981年至今

主要用户： 意大利海军

Warships ★★★

基本参数

满载排水量	3100吨
全长	122.7米
全宽	12.9米
吃水	4.2米
最高航速	33节
续航距离	6000海里
舰员	225人
发动机功率	18380千瓦
舰载机数量	2架

意大利“圣·乔治奥”级两栖攻击舰

“圣·乔治奥”（San Giorgio）级两栖攻击舰是意大利于20世纪80年代研制的两栖攻击舰，一共建造了3艘，从1987年服役至今。

“圣·乔治奥”级两栖攻击舰为右舷岛式通甲板型舰体，舰上有3个起降点，战时用于人员和装备的输送和登陆支援，平时用于自然灾害的救援等。为了进行有力的支援，除了舰上登陆装备比较齐全外，还设置有先进的医疗设施，包括X光设备、诊疗所、手术室、观察站、病房和隔离室等。

“圣·乔治奥”级可容纳400名作战人员或36辆轮式装甲运兵车或30辆中型坦克。在舰艉还有飞行甲板，可供3架SH-3D“海王”直升机或AW101“隼”式直升机或5架AB 212直升机起降。舰艉舱门可供两辆LCM登陆艇同时进出。“圣乔治奥”号和“圣马可”号在舱门舷台处可装载两辆LCVP登陆艇，稍大一些的“圣朱斯托”号在吊舱柱处可装载3辆LCVP登陆艇。每艘船坞登陆舰均有符合北约标准的医疗设施。

英文名称：San Giorgio Class Amphibious Assault Ship
研制国家：意大利
制造厂商：芬坎蒂尼船厂
生产数量：3艘
服役时间：1987年至今
主要用户：意大利海军

Warships

基本参数

满载排水量	7665吨
全长	137米
全宽	20.5米
吃水	5.3米
最高航速	21节
续航距离	7500海里
舰员	180人
发动机功率	6264千瓦
舰载机数量	3架、5架

意大利“第里雅斯特”级两栖攻击舰

“第里雅斯特”级两栖攻击舰的满载排水量超过了“加富尔”号航空母舰，成为意大利自二战以来所建造的最大军舰。该级舰采用柴燃交替动力方式，由两台罗尔斯·罗伊斯MT30燃气轮机和两台MAN 20V32/44CR柴油机组成。

“第里雅斯特”级两栖攻击舰装有“席尔瓦”垂直发射系统，可发射“阿斯特”近程防空导弹或 CAMM-ER中程防空导弹。舰体左右两舷和艉部各装有1门奥托·梅莱拉76毫米舰炮。舰上还有3门25毫米机炮和6挺12.7毫米机枪，用于打击小型海上目标。全通甲板规划有9个起降点，航空机库面积达2500平方米，车辆甲板面积达2300平方米，最多能够搭载10架F-35B战斗机或15架EH-101重型直升机，泛水坞舱能够装载2艘LCAC气垫登陆艇或法国LCAT双体升降式登陆艇，或者4艘LCM机械化登陆艇。

英文名称： Trieste Class Amphibious Assault Ship

研制国家： 意大利

制造厂商： 芬坎蒂尼集团

生产数量： 2艘（计划）

服役时间： 2024年至今

主要用户： 意大利海军

基本参数

基本参数	
满载排水量	33000吨
全长	245米
全宽	47米
吃水	7.2米
最高航速	25节
续航距离	7000海里
舰员	460人
发动机功率	76000千瓦

意大利“勒里希”级扫雷舰

“勒里希”（Lerici）级扫雷舰是意大利于20世纪80年代建造的扫雷舰，意大利海军一共装备了12艘，从1992年服役至今。

“勒里希”级扫雷舰采用高舰艏，高干舷，烟囱后方倾斜过渡到舰艉作业甲板。舰桥上层建筑高大，前表面舷窗倾斜。锥形烟囱外观为独特的多角形，顶部装有消烟装置。该级舰装有1台GMTB230-OM柴油机，1个五叶变距桨。

“勒里希”级扫雷舰具有较强的猎扫雷能力，每艘都配有1只MIN系统遥控灭雷具、1只“冥王星”系统灭雷具和奥罗佩萨MK 4机械扫雷具。每只灭雷具上都带有专用高分辨率声呐、电视摄像机、炸药包和爆炸割刀。自卫武器方面，“勒里希”级扫雷舰1门20毫米厄利空机炮。

英文名称：Lerici Class Minesweeper

研制国家：意大利

制造厂商：芬坎蒂尼船厂

生产数量：12艘

服役时间：1992年至今

主要用户：意大利海军

基本参数

满载排水量	620吨
全长	50米
全宽	9.9米
吃水	2.6米
最高航速	14节
续航距离	1500海里
舰员	47人
发动机功率	1089千瓦

西班牙“阿斯图里亚斯亲王”号航空母舰

“阿斯图里亚斯亲王”（Principe de Asturias）号航空母舰是西班牙历史上第一艘自行建造的航空母舰，在1988~2013年间服役。

“阿斯图里亚斯亲王”号航空母舰也采用了滑跃式跑道设计，在舰艏跑道末端加装了一段12度仰角飞行甲板。该舰的飞行甲板在主甲板之上，从而形成敞开式机库，这在二战后的航空母舰中是很少见的。其他航空母舰都是飞行甲板与主甲板在同一水平面上，封闭式机库。

“阿斯图里亚斯亲王”号航空母舰的机库面积达2300平方米，比其他同型航空母舰多出70%，接近法国中型航空母舰的水平。该舰的动力系统只采用两台燃汽轮机，并且是单轴单桨，这在现代航空母舰中同样是独一无二的。“阿斯图里亚斯亲王”号通常搭载12架AV-8B“海鹞”Ⅱ攻击机、6架SH-3“海王”反潜直升机、4架SH-3 AEW“海王”预警直升机、2架AB-212通用直升机。

英文名称：The Prince of Asturias Aircraft Carrier
研制国家：西班牙
研发单位：巴兹造船厂
生产数量：1艘
服役时间：1988~2013年
主要用户：西班牙海军

Warships ★★★

基本参数

满载排水量	16900吨
全长	195.5米
全宽	24.3米
吃水	9.4米
最高航速	27节
续航距离	6500海里
舰员	830人
发动机功率	34600千瓦
舰载机数量	37架

西班牙“阿尔瓦罗·巴赞”级护卫舰

“阿尔瓦罗·巴赞”（Alvaro Bazin）级护卫舰是西班牙研制的“宙斯盾”护卫舰，又称F-100型，一共建造了5艘，从2002年服役至今。

“阿尔瓦罗·巴赞”级护卫舰采用模块化设计，全舰由27个模块组成。甲板为四层，从上到下依次为主甲板、第二层甲板、第一层甲板和压载舱。为了增强防火能力，舰体被主舱壁隔离成多个垂直的防火区，防火区之间的间隔少于40米。为保证抗沉性，舰上还具有13个横向防水舱壁。

“阿尔瓦罗·巴赞”级护卫舰的主要武器包括：1座六组八联装Mk41垂直发射系统，发射“标准”导弹或改进型“海麻雀”导弹；1具“梅罗卡”近防炮，备弹720发；1门127毫米Mk 45 Mod 2舰炮，用于防空、反舰；2套四联装波音公司“鱼叉”反舰导弹系统，用于反舰；2套Mk 46双管鱼雷发射装置，发射Mk 46 Mod 5轻型鱼雷；2挺20毫米机炮。

英文名称：
Alvaro Bazin Class Frigate
研制国家：西班牙
研发单位：巴兹造船厂
生产数量：5艘
服役时间：2002年至今
主要用户：西班牙海军

基本参数

满载排水量	5800吨
全长	146.7米
全宽	18.6米
吃水	4.8米
最高航速	29节
续航距离	4000海里
舰员	229人
发动机功率	34810千瓦
舰载机数量	1架

西班牙“胡安·卡洛斯一世”号多用途战舰

“胡安·卡洛斯一世”（Juan Carlos I）号是西班牙自主设计建造的多用途战舰，兼具航空母舰和两栖攻击舰的功能，从2010年服役至今。

不同于通常的两栖登陆舰，“胡安·卡洛斯一世”号多用途战舰拥有专供战机起飞的“滑跃”甲板，因此也能被归类于航空母舰。该舰由上而下分为 4 层：大型全通飞行甲板层、轻型车库和机库层、船坞和重型车库层、居住层。总的来说，“胡安·卡洛斯一世”号的设计更注重适航性、装载能力和自持力，不太注重航行速度。

“胡安·卡洛斯一世”号多用途战舰装有4门20毫米厄利空防空机炮与4挺12.7毫米机枪等武器，并且预留了加装垂直发射防空导弹系统或美制“拉姆”短程防空导弹的空间。在标准情况下，该舰的下甲板机库能容纳12架中型直升机或8架F-35B等级的垂直/短距起降战机。机库前方可储存货物或轻型运输工具，而轻型车辆车库可容纳100辆轻型车辆。

英文名称：Juan Carlos I Amphibious Assault Ship

研制国家：西班牙

研发单位：巴兹造船厂

生产数量：1艘

服役时间：2010年至今

主要用户：西班牙海军

基本参数

满载排水量	24660吨
全长	230.82米
全宽	32米
吃水	7.07米
最高航速	21节
续航距离	9000海里
舰员	243人
发动机功率	11000千瓦
舰载机数量	31架

西班牙/荷兰“鹿特丹”级船坞登陆舰

“鹿特丹”（Rotterdam）级船坞登陆舰是荷兰和西班牙于20世纪90年代研制的船坞登陆舰，一共建造了2艘，从1998年服役至今。

“鹿特丹”级船坞登陆舰的飞行甲板长58米，宽25米，可供两架EH101这样的大型直升机起降。该级舰上设有功能齐全、设备完善的医院条件，有一个诊疗室、一个手术室和一个实验室。

“鹿特丹”级船坞登陆舰能够在6级海况下执行直升机行动任务，在4级海况下进行登陆艇行动任务。在执行两栖作战任务时，“鹿特丹”级可对海军陆战队士兵、联合作战和后勤支援所需的车辆和装备进行装运，并辅助其登陆。“鹿特丹”级可以运输170装甲运兵车，或者是33辆主战坦克，同时还可以搭载最多6艘登陆艇。

英文名称：Rotterdam Class Amphibious Transport Dock
研制国家：西班牙/荷兰
生产数量：2艘
服役时间：1998年至今
主要用户：西班牙海军、荷兰海军

Warships

基本参数

满载排水量	16800吨
全长	176.4米
全宽	25米
吃水	5.8米
最高航速	19节
续航距离	6000海里
舰员	128人
发动机功率	14600千瓦

巴西“圣保罗”号航空母舰

“圣保罗”（Sao Paulo）号航空母舰原是法国“克莱蒙梭”级航空母舰的二号舰“福煦”号，巴西海军购买后将其改名为“圣保罗”号。

“圣保罗”号航空母舰具有与美国大型航空母舰类似的斜角甲板和相应设备。该舰的飞行甲板分为两个部分：一部分是舰艏的轴向甲板，长90米，设有一部BS5蒸汽弹射器，可供飞机起飞；另一部分是斜角甲板，长163米，宽30米，甲板斜角为8度，设有一部BS5蒸汽弹射器和4道拦阻索，可供飞机起降。

“圣保罗”号航空母舰的舰载机改为A-4攻击机、C-1运输机以及S-70B反潜直升机。“圣保罗”号的自卫武器为2座8联装“响尾蛇”防空导弹系统、2座6联装“西北风”近程防空导弹系统，以及4座100毫米单管炮。

英文名称：
Sao Paulo Aircraft Carrier
研制国家：法国
生产数量：1艘
服役时间：2000～2017年
主要用户：巴西海军

Warships ★★★

基本参数

满载排水量	32780吨
全长	265米
全宽	31.7米
吃水	8.6米
最高航速	32节
续航距离	7500海里
发动机功率	92650千瓦
舰载机数量	39架

印度“维拉特”号航空母舰

“维拉特”（Viraat）号航空母舰是原是英国“人马座”级航空母舰的四号舰，20世纪80年代中期转售给印度。

“维拉特”号航空母舰经过了多次改装，现在以反潜、制空和指挥功能为主。该舰前部设有宽49米的直通型飞行甲板，上升的斜坡长度为46米，以使垂直/短距飞机能在较短的距离内滑跃升空。

“维拉特”号航空母舰的飞行甲板上共设有7个直升机停放区，可供多架直升机同时起降。机库内可搭载12架“海鹞”垂直/短距起降飞机和7架MK 2型反潜直升机。实际作战时，可将“海鹞”垂直/短距起降飞机的搭载量增至30架，但不能全部进入机库。

英文名称：Viraat Aircraft Carrier
研制国家：英国
生产数量：1艘
服役时间：1987～2017年
主要用户：印度海军

Warships

基本参数

满载排水量	28700吨
全长	226.9米
全宽	48.78米
吃水	8.8米
最高航速	28节
续航距离	6500海里
舰员	1350人
发动机功率	55900千瓦
舰载机数量	19架

印度“维兰玛迪雅”号航空母舰

“维兰玛迪雅”（Vikramaditya）号航空母舰原本是俄罗斯“基辅”级航空母舰的四号舰“戈尔什科夫海军上将”号，后出售给印度海军，从2013年服役至今。

“戈尔什科夫海军上将”号航空母舰卖给印度后，改造重点是将舰艏的武器全部拆除，把它变成滑跃式甲板以便MiG-29K舰载机起飞。斜向甲板加上了三条阻拦索，以便MiG-29K顺利降落。此外，飞行甲板面积有所增大，已损坏的锅炉换为柴油发动机。整体来说，改造后的“维兰玛迪雅”号航空母舰将会变成一艘缩小版的“库兹涅佐夫”级航空母舰。

“维兰玛迪雅”号航空母舰的电子系统与自卫武装完全重新配置，防空武器是以色列“闪电”短程防空导弹或俄罗斯“卡什坦”近程防御武器系统。舰上原有的动力系统也经过大幅整修，换装由波罗的海船厂新造的锅炉，燃料改为用柴油，不过整体推进系统不会做重大变更。

英文名称：
Vikramaditya Aircraft Carrier

研制国家：俄罗斯

制造厂商：北德文斯克造船厂

生产数量：1艘

服役时间：2013年至今

主要用户：印度海军

Warships

★★★

基本参数

满载排水量	45000吨
全长	283.1米
全宽	53米
吃水	10.2米
最高航速	29节
续航距离	13500海里
舰员	1400人
发动机功率	10297千瓦
舰载机数量	30架

印度“维克兰特”号航空母舰

“维克兰特”（Vikrant）号航空母舰是印度自行研制的第一艘航空母舰，舰名是为了纪念印度从英国采购的第一艘航空母舰。该舰于2009年2月铺设龙骨，2022年正式服役。

“维克兰特”号航空母舰的舰体长260米，宽60米，高度相当于14层建筑，共有5层甲板，最上层为飞行甲板，其次是机库甲板，下面还有两层甲板和底层的支撑甲板。飞行甲板上设有2条约200米长的跑道，一条为专供飞机起落的滑橇式跑道，另一条为装备有3个飞机制动索的着陆跑道。

“维克兰特”号航空母舰最多可搭载30架舰载机，其中17架可存放在机库内。根据各国军工企业发布的公开信息显示，“维克兰特”号航空母舰的燃汽轮机、螺旋桨、升降机，以及相控阵雷达、指挥控制系统、卫星通信、惯性导航、电子对抗等关键部分都是从其他国家购买的。

英文名称：Vikrant Aircraft Carrier
研制国家：印度
制造厂商：北德文斯克造船厂
生产数量：1艘
服役时间：2022年至今
主要用户：印度海军

基本参数

满载排水量	40000吨
全长	260米
全宽	60米
吃水	10米
最高航速	28节
续航距离	8000海里
舰员	1400人
发动机功率	89484千瓦
舰载机数量	30架

印度“塔尔瓦”级护卫舰

“塔尔瓦”（Talwar）级护卫舰是俄罗斯为印度设计的护卫舰，一共建造了6艘，从2003年服役至今。

“塔尔瓦”级护卫舰是利用苏联/俄罗斯“克里瓦克”Ⅲ型护卫舰为基础改进而来，两者有明显区别，上层建筑和舰体都进行了重新设计，大大减小了雷达反射截面。舰体有明显的外倾和内倾，上层建筑与舰体成为一体，也有较大的固定的内倾角。

“塔尔瓦”级护卫舰的核心装备是“俱乐部”反潜/反舰导弹系统，包括3M54E反舰导弹和配套的3R14N-11356舰载火控系统。“塔尔瓦”级的防御主要依赖“无风”-1中程防空导弹系统，前部甲板还装有1座A-190E型100毫米高平两用主炮。近程防御由“卡什坦”系统提供。反潜武器是1座RBU-6000型12管反潜火箭系统，舰体中部还有2座双联装DTA-53-11356鱼雷发射管。

英文名称：Talwar Class Frigate

研制国家：俄罗斯

生产数量：6艘

服役时间：2003年至今

主要用户：印度海军

Warships

★★★

基本参数

满载排水量	4035吨
全长	124.8米
全宽	15.2米
吃水	4.2米
最高航速	32节
续航距离	4850海里
舰员	180人
发动机功率	16543千瓦
舰载机数量	1架

印度“什瓦里克”级护卫舰

“什瓦里克”级护卫舰是印度建造的一款大型多用途护卫舰，其基本设计源自“塔尔瓦”级护卫舰，两者在舰体构型与布局上十分相似。然而，“什瓦里克”级护卫舰的尺寸和排水量大幅增加，已接近驱逐舰的水平。

在动力系统方面，“什瓦里克”级护卫舰采用复合燃气涡轮与柴油机组合（CODAG），取代了“塔尔瓦”级护卫舰的复合燃气涡轮或燃气涡轮（COGOG）。这种设计使其在巡航时可使用较为省油的柴油机驱动，而在高速航行时则切换至燃气涡轮，从而实现了更优的燃油经济性。在武器系统方面，“什瓦里克”级护卫舰的多数舰载武器与“塔尔瓦”级护卫舰保持一致，主要区别在于舰炮和近程防御武器系统。此外，“什瓦里克”级护卫舰的机库结构经过扩大，能够容纳2架反潜直升机，进一步提升了其作战能力。

英文名称： Shivalik Class Frigate
研制国家： 印度
制造厂商： 马扎冈造船厂
生产数量： 3艘
服役时间： 2010年至今
主要用户： 印度海军

Warships

基 本 参 数

满载排水量	6200吨
全长	142.5米
全宽	16.9米
吃水	4.5米
最高航速	32节
续航距离	5000海里
舰员	257人
发动机功率	36400千瓦
舰载机数量	2架

印度“加尔各答”级驱逐舰

“加尔各答”级驱逐舰是印度海军于21世纪初开始建造的新型驱逐舰，属于“德里”级驱逐舰的改进型号。该级舰的主要改进方向是强化舰体隐身性能和提升武器装备水平。在舰体布局方面，“加尔各答”级驱逐舰延续了“德里”级的基本设计，采用折线过渡结构，舰艏武器区域的布置也与“德里”级保持一致。然而，相较于“德里”级，其舰体设计更加简洁，简化了复杂的上层建筑结构和繁多的电子装备天线布局。

“加尔各答”级驱逐舰的舰载武器包括4座八联装防空导弹垂直发射系统（装填48枚“巴拉克”8防空导弹），2座八联装3S14E垂直发射系统（装填16枚“布拉莫斯”超音速反舰导弹），2座十二联装RBU-6000反潜火箭发射器，2座四联装533毫米鱼雷发射管，4门六管30毫米AK-630机炮。此外，还能搭载2架卡-28PL或HAL反潜直升机。

英文名称：	Kolkata Class Destroyer
研制国家：	印度
制造厂商：	马扎冈造船厂
生产数量：	3艘
服役时间：	2014年至今
主要用户：	印度海军

Warships

基本参数

满载排水量	7000吨
全长	163米
全宽	17.4米
吃水	6.5米
最高航速	30节
续航距离	8000海里
舰员	390人
发动机功率	55107千瓦
舰载机数量	2架

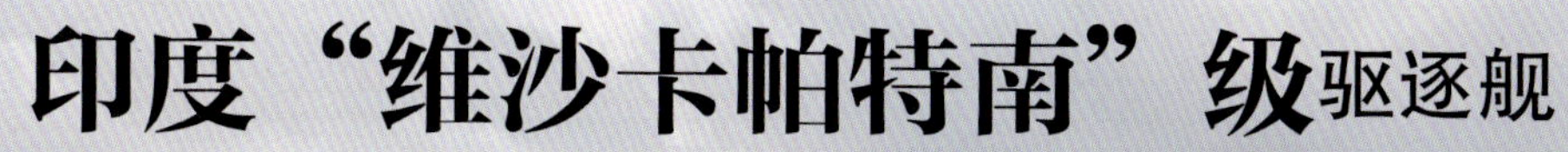

印度“维沙卡帕特南”级驱逐舰

“维沙卡帕特南”级驱逐舰是印度海军目前装备的最先进驱逐舰。尽管该级舰采用了多型印度“国产”型号的武器，但这些武器大多是印外合资公司的产品，印度主要承担了总装任务，尚未完全实现武器的国产化。

“维沙卡帕特南”级驱逐舰在舰体规模和舰载武器配置上与“加尔各答”级驱逐舰基本相同，但在设计上依据之前的服役经验进行了部分调整。例如，主声呐的位置由舰底调整至舰艏，舰桥与桅杆的造型也经过优化，进一步提升了隐身性能。此外，该级舰采用了总体环境控制系统，使其在核生化环境下的生存能力显著增强。“维沙卡帕特南”级驱逐舰装备的防空导弹与“加尔各答”级驱逐舰相同，舰炮则改为127毫米口径。此外，该级舰还装备了AK-630近防炮、“布拉莫斯”巡航导弹等武器。

英文名称：Visakhapatnam Class Destroyer

研制国家：印度

制造厂商：马扎冈造船厂

生产数量：4艘

服役时间：2021年至今

主要用户：印度海军

Warships

★★★

基本参数

满载排水量	8000吨
全长	163米
全宽	17.4米
吃水	6.5米
最高航速	30节
续航距离	4000海里
舰员	300人
发动机功率	66195千瓦
舰载机数量	2架

泰国“查克里·纳吕贝特”号航空母舰

“查克里·纳吕贝特”（Chakri Naruebet）号航空母舰是泰国海军目前唯一的航空母舰，从1997年服役至今。

“查克里·纳吕贝特”号航空母舰借鉴了西班牙“阿斯图里亚斯亲王”号航空母舰的设计，但外形上更为美观，柱状桅杆紧靠烟囱，岛式上层建筑有所延长。该舰的飞行甲板也采用了滑跃式设计，甲板艏部斜坡上翘12度。为了提高耐波性，安装了展翼型防摇龙骨，并装设两对液压自动控制的减摇鳍。

与“阿斯图里亚斯亲王”号航空母舰相比，“查克里·纳吕贝特”号航空母舰在多项性能上有了显著的提高。该舰的满载排水量比“阿斯图里亚斯亲王”号航空母舰缩小了近三分之一，而舰载机数量仅减少四分之一，单位排水量的载机率有所提高。

英文名称：
Chakri Naruebet Aircraft Carrier

研制国家：泰国

生产数量：1艘

服役时间：1997年至今

主要用户：泰国海军

Warships

★★★

基本参数

满载排水量	11486吨
全长	164.1米
全宽	22.5米
吃水	6.12米
最高航速	27节
续航距离	10000海里
舰员	600人
发动机功率	16499千瓦
舰载机数量	31架

德国“不来梅”级护卫舰

“不来梅”（Bremen）级护卫舰是德国于20世纪70年代研制的多用途护卫舰，一共建造了8艘。

“不来梅”级护卫舰乃是针对德国海军本身以及北约的需求而设计，着重于水面作战，同时防空与反潜自卫能力也十分优秀。“不来梅”级护卫舰的舰体严格地实施隔舱化设计，以提高舰艇的生存力，全舰并划分为两处损害管制区域。

“不来梅”级护卫舰的主要武器包括：2座四联装“鱼叉”反舰导弹发射装置，1座八联装Mk 29“北约海麻雀”中程舰空导弹发射装置，2座双联装Mk 32型324毫米鱼雷发射管，1座Mk 75型奥托·梅莱拉单管76毫米高平两用炮。此外，该级舰艉部设有直升机机库，载两架“山猫”反潜直升机。

英文名称：Bremen Class Frigate

研制国家：德国

生产数量：8艘

服役时间：1982～2022年

主要用户：德国海军

基本参数

满载排水量	3680吨
全长	130.5米
全宽	14.6米
吃水	6.3米
最高航速	30节
续航距离	4000海里
舰员	220人
发动机功率	46000千瓦
舰载机数量	2架

德国“勃兰登堡”级护卫舰

“勃兰登堡”（Brandenburg）级护卫舰是德国于20世纪90年代建造的护卫舰，一共建造了4艘，从1994年服役至今。

“勃兰登堡”级护卫舰采用模块化设计，其武器装备和电子设备都使用标准尺寸和接口的功能模块，同一型号的功能模块可以互换，既具有高度的灵活性，也使战舰的改装和维修更加简便。“勃兰登堡”级的主要武器包括：2座双联装“飞鱼”MM38型反舰导弹发射装置，1座奥托·梅莱拉76毫米舰炮，16单元Mk 41 Mod 3型“海麻雀”舰对空导弹垂直发射装置，2座21单元Mk 49型拉姆点防御导弹发射装置，2座双联装Mk 32 Mod 9型鱼雷发射管（发射Mk 46 Mod 2型鱼雷）。

英文名称：

Brandenburg Class Frigate

研制国家：德国

生产数量：4艘

服役时间：1994年至今

主要用户：德国海军

Warships

★★★

基本参数

满载排水量	4490吨
全长	138.9米
全宽	16.7米
吃水	4.4米
最高航速	29节
续航距离	4000海里
舰员	210人
发动机功率	81400千瓦
舰载机数量	2架

德国“萨克森”级护卫舰

“萨克森”（Sachsen）级护卫舰是德国海军最大的水面舰艇，也是德国海军第一艘采用模块化设计的舰艇，又称为F124型，一共建造了3艘，从2004年服役至今。

“萨克森”级护卫舰的舰体发展自“勃兰登堡”级护卫舰，两者的基本设计极为类似，但“萨克森”级的舰体长度拉长，最重要的是引进各种隐身设计，外形修改得更为简洁且刻意做出倾斜造型，舰体大量使用隐身材料与涂料。“萨克森”级的上层结构与舰体都以钢材制造，舰身分为六个双层水密隔舱，之间则为一些单层水密隔舱。

“萨克森”级护卫舰装备性能一流的APAR主动相控阵雷达，防空作战性能突出。该级舰的主要武器包括：1门76毫米舰炮、2门20毫米舰炮、32枚“海麻雀”导弹、24枚“标准”导弹、RIM-116B拉姆近程滚动体防空导弹、2座三联装Mk 32鱼雷发射装置。

英文名称： Sachsen Class Frigate

研制国家： 德国

生产数量： 3艘

服役时间： 2004年至今

主要用户： 德国海军

Warships

基本参数

满载排水量	5800吨
全长	143米
全宽	17.4米
吃水	6米
最高航速	29节
续航距离	4000海里
舰员	255人
发动机功率	24124千瓦
舰载机数量	2架

德国“恩斯多夫”级扫雷舰

“恩斯多夫”（Ensdorf）级扫雷舰是德国研制的扫雷舰，一共建造了5艘，从1990年服役至今。

“恩斯多夫”级扫雷舰是德国“哈默尔恩”级扫雷舰现代化改装升级的产物。德国将“恩斯多夫”号、“奥尔巴克”号、“哈墨恩”号、“佩格尼兹”号和“西堡”号进行重新设计改装，改装后可携带4部改进型“海豹”级遥控扫雷艇，具有布雷能力。“恩斯多夫”级的外观轮廓与“弗兰肯索”级相似，框架式金字塔形主桅位于舰桥顶部，装有WM20/2对海搜索/火控雷达整流罩。

“恩斯多夫”级扫雷舰的电子设备包括雷声SPS-64导航雷达、西格纳WM20/2型搜索/火控雷达、阿特拉斯DSQS-11M艇壳声呐系统、汤姆森-CSF DR2000电子支援系统。武器装备包括2座“毒刺”四联装防空导弹发射装置、2门毛瑟27毫米炮、60枚水雷。

英文名称：
Ensdorf Class Minesweeper

研制国家：德国

生产数量：5艘

服役时间：1990年至今

主要用户：德国海军

Warships

★★★

基本参数

满载排水量	650吨
全长	54.4米
全宽	9.2米
吃水	2.8米
最高航速	18节
舰员	45人
发动机功率	2240千瓦

德国“库尔姆贝克”级扫雷舰

“库尔姆贝克”（Kulmbach）级扫雷舰是德国于20世纪80年代末开始研制的扫雷舰，一共建造了5艘，从1990年服役至今。

“库尔姆贝克”级扫雷舰也是“哈默尔恩”级扫雷舰现代化改装升级的产物，外观轮廓与“弗兰肯索”级扫雷舰相似，主要识别特征为：框架式金字塔形主桅位于舰桥顶部，装有WM 20/2对海搜索/火控雷达整流罩。

“库尔姆贝克”级扫雷舰的武器系统包括2门27毫米毛瑟炮，2套便携式“毒刺”防空导弹发射装置，还可携带60枚水雷。电子设备有SPS64导航雷达、DSQS-11M扫雷声呐、MWS80-4水雷对抗作战系统、希格诺尔WM 20/2火控系统、汤姆森-CSF DR 2000雷达预警系统等。

英文名称：
Kulmbach Class Minesweeper
研制国家：德国
生产数量：5艘
服役时间：1990年至今
主要用户：德国海军

基本参数

满载排水量	635吨
全长	54.4米
全宽	9.2米
吃水	2.8米
最高航速	18节
舰员	37人
发动机功率	2240千瓦

德国“弗兰肯索”级扫雷舰

“弗兰肯索”（Frankenthal）级扫雷舰是德国于20世纪80年代后期研制的扫雷舰，一共建造了12艘，从1992年服役至今。

“弗兰肯索”级扫雷舰采用艇艏高干舷，下降过渡至艇中水平主甲板处。高大的基本上层建筑在艇中后方呈阶梯式布置，舰桥顶部装有小型柱式天线，高大细长的三角式主桅位于艇中，后甲板装有小型起重机。

“弗兰肯索”级扫雷舰的电子设备有雷声SPS-64导航雷达、阿特拉斯电子公司DSQS-11M艇壳声呐系统等。该级舰的武器装备为2座“毒刺”四联装防空导弹发射装置、1门40毫米博福斯舰炮。

英文名称：
Frankenthal Class Minesweeper

研制国家：德国

生产数量：12艘

服役时间：1992年至今

主要用户：德国海军

Warships

★★★

基本参数

满载排水量	650吨
全长	54.4米
全宽	9.2米
吃水	2.6米
最高航速	18节
舰员	41人
发动机功率	2040千瓦

荷兰"卡雷尔·多尔曼"级护卫舰

"卡雷尔·多尔曼"(Karel Doorman)级护卫舰是荷兰研制的护卫舰，一共建造了8艘，从1991年服役至今。

"卡雷尔·多尔曼"级护卫舰采用平甲板船型，艏舷弧从舰体中部开始出现，直至舰艏，使得整体看去艏舷弧并不明显，但舰艏的高度已增加不少，以减小甲板上浪的机会。舰艏尖瘦，舰体中部略宽，下设减摇鳍。折角线从舰艏一直到舰艉，使主甲板与上甲板之间的舱室舷侧壁与甲板垂直，有利于各种装备和生活空间的布置。上层建筑位于舰体中部，较长，约占全舰长的一半以上，但高度较小。

"卡雷尔·多尔曼"级护卫舰的主要武器包括：2座四联装"鱼叉"反舰导弹发射装置，Mk 48型"海麻雀"舰对空导弹垂直发射装置，1门奥托·梅莱拉76毫米紧凑型舰炮，1座荷兰电信公司的SGE30"守门员"近程防御武器系统，2门20毫米厄利空炮，2座双联装324毫米Mk 32鱼雷发射管。

英文名称：

Karel Doorman Class Frigate

研制国家：荷兰

生产数量：8艘

服役时间：1991年至今

主要用户：荷兰海军

Warships

★★☆

基本参数

满载排水量	3320吨
全长	122.3米
全宽	14.4米
吃水	6.1米
最高航速	30节
舰员	154人
发动机功率	12450千瓦
舰载机数量	1架

瑞典“伟士比”级护卫舰

“伟士比”（Visby）级护卫舰是瑞典海军继“斯德哥尔摩”级护卫舰后的新型护卫舰，一共建造了5艘，从2000年服役至今。

“伟士比”级护卫舰原本规划成两种专业舰型用于水面战和猎潜，后来取消此设计改为统一规格。“伟士比”级护卫舰结合隐形、网络中心战概念，船壳采用“三明治”设计，中心是聚氯乙烯（PVC）层，外加碳纤维和乙烯基合板，并且用斜角设计反射雷达波。前端57毫米舰炮可以收入炮塔降低雷达侦测率。

“伟士比”级护卫舰的舰载武器主要包括1门57毫米Mk 3舰炮、8枚RBS15 Mk 2反舰导弹、4座400毫米鱼雷发射管以及若干深水炸弹。“伟士比”号服役时只有舰炮可以使用，鱼雷测试直到2008年才完成。该级舰原本设计有直升机舱，后因太过拥挤而取消。

英文名称：Visby Class Frigate
研制国家：瑞典
生产数量：5艘
服役时间：2000年至今
主要用户：瑞典海军

Warships

★★★

基本参数

满载排水量	640吨
全长	72.7米
全宽	10.4米
吃水	2.4米
最高航速	35节
续航距离	2500海里
舰员	43人
发动机功率	16000千瓦

澳大利亚 / 新西兰“安扎克”级护卫舰

“安扎克”（Anzac）级护卫舰是澳大利亚和新西兰联合研制的护卫舰，一共建造了10艘，从1996年服役至今。

“安扎克”级护卫舰的武器系统、电子系统、控制台，甚至桅杆等设备都是按照标准尺寸制成的独立模块，在岸上由分包商在厂房内组装测试，然后被运送到船厂，安装到标准底座上。这种建造方式不仅可以节省安装时间，最大程度地避免失误，也更容易进行改装或升级。

“安扎克”级护卫舰的主要武器包括：8单元Mk 41垂直发射系统发射“海麻雀”舰空导弹，2座三联装324毫米鱼雷发射管发射Mk 46鱼雷，1座127毫米Mk 45舰炮。另外，“安扎克”级护卫舰两舷架设有多挺M2HB重机枪，以抵御自杀船袭击，同时也提高对海盗船的威慑力度。

英文名称： Anzac Class Frigate
研制国家： 澳大利亚、新西兰
生产数量： 10艘
服役时间： 1996年至今
主要用户：
澳大利亚海军、新西兰海军

Warships

基本参数

满载排水量	3600吨
全长	118米
全宽	14.8米
吃水	4.4米
最高航速	27节
续航距离	6000海里
舰员	163人
发动机功率	22499千瓦
舰载机数量	1架

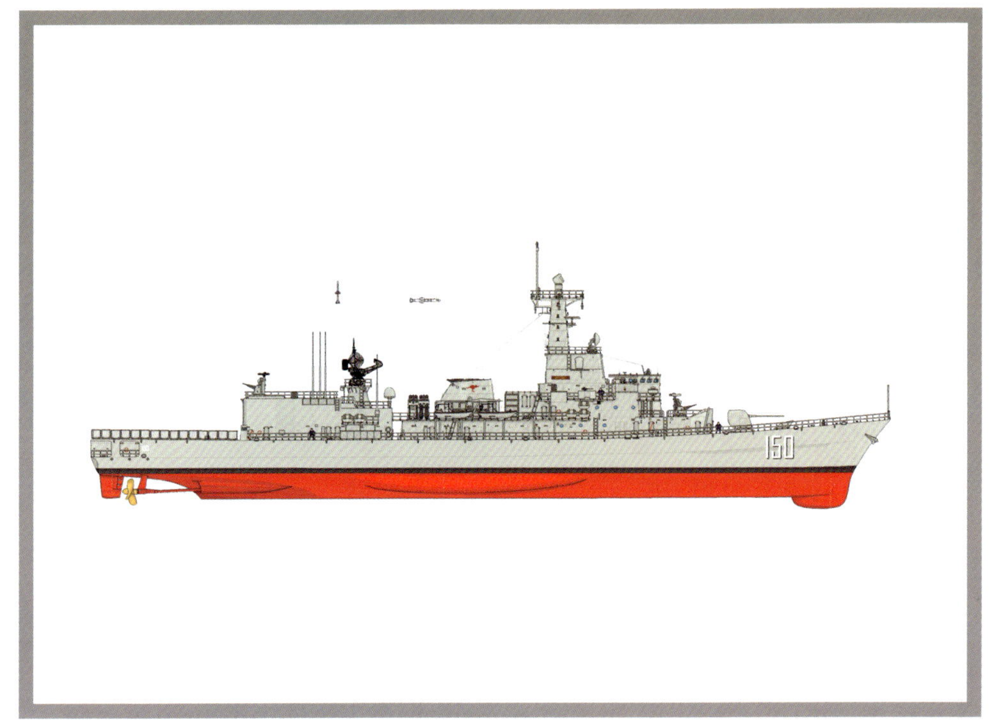

▲ “安扎克”级护卫舰结构图

▼ “安扎克”级护卫舰右前方视角

澳大利亚“霍巴特”级驱逐舰

“霍巴特”级驱逐舰是澳大利亚海军装备的防空驱逐舰，搭载了“宙斯盾”作战系统，也是澳大利亚海军目前排水量最大的驱逐舰。其舰艏装有1门127毫米舰炮，舰炮后方为Mk 41垂直发射装置，可装填美制“标准”-2防空导弹和“改进型海麻雀”防空导弹。舰上还配备2座四联装“鱼叉”反舰导弹发射装置，用于执行远程水面打击任务。

在反潜作战方面，“霍巴特”级驱逐舰配备了新型主/被动拖曳阵列声呐，并与“宙斯盾”系统整合。其反潜武器为法国和意大利合作研发的MU-90反潜鱼雷，发射系统为2座双联装324毫米鱼雷发射管。为强化近距离水面作战能力，该级舰在机库顶部安装了“密集阵”近程防御武器系统，并配备以色列与美国合作研发的Mk 25“台风”25毫米遥控武器站。

英文名称： Hobart Class Destroyer
研制国家： 澳大利亚
制造厂商： 威廉斯顿造船厂
生产数量： 3艘
服役时间： 2017年至今
主要用户： 澳大利亚海军

Warships ★★★

基本参数

满载排水量	7000吨
全长	147.2米
全宽	18.6米
吃水	5.17米
最高航速	28节
续航距离	5000海里
舰员	200人
发动机功率	46300千瓦
舰载机数量	1架

韩国“世宗大王”级驱逐舰

“世宗大王”级驱逐舰是韩国自行设计建造的第三种驱逐舰，并且配备了“宙斯盾”系统。凭借该级舰的服役，韩国成为继美国、日本、澳大利亚、西班牙、挪威之后，世界上第六个拥有“宙斯盾”军舰的国家。

“世宗大王”级驱逐舰的主要武器系统包括：1门Mk 45 Mod 4型127毫米舰炮、1座“拉姆”近程防空导弹系统、1座“守门员”近程防御武器系统、10座八联装Mk 41垂直发射系统、6座八联装K-VLS垂直发射系统、4座四联装SSM-700K“海星”反舰导弹发射装置以及2座三联装324毫米“青鲨”鱼雷发射管。在雷达与电子系统方面，该级舰装备了SPY-1D（V）5相控阵雷达和SPS-95K导航雷达，SLQ-200（V）5K综合电子战系统，以及利顿公司的KNDS Link-11/16号海军战术数据链和美制CEC“协同作战能力”系统等。

英文名称：
Sejong the Great Class Destroyer
研制国家：韩国
制造厂商：现代重工集团、大宇集团
生产数量：3艘
服役时间：2008年至今
主要用户：韩国海军

Warships

★★★

基本参数

满载排水量	7200吨
全长	166米
全宽	21.4米
吃水	6.25米
最高航速	30节
续航距离	5500海里
舰员	300人
发动机功率	75000千瓦
舰载机数量	2架

韩国“正祖大王”级驱逐舰

“正祖大王”级驱逐舰是韩国于2021年开始建造的导弹驱逐舰，配备了“宙斯盾”作战系统。该级舰实际上是“世宗大王”级驱逐舰的第二批次，基本保持了“世宗大王”级驱逐舰的外形设计，其舰体长度有所增加，但是舰体宽度没有变化，相应地全舰的标准排水量和满载排水量也有所增加。

“正祖大王”级驱逐舰采用全燃联合动力装置，配备了4台LM2500燃气轮机。该级舰重点加强了对陆、对海攻击能力，最为明显的就是将K-VLS I型垂直发射系统（美国Mk 41垂直发射系统的韩国仿制版）的发射装置从“世宗大王”级驱逐舰的48具减少到16具，省出来的空间被用来安装尺寸更大的K-VLS II型垂直发射系统（24具发射装置），可以装载和发射更大尺寸的新型远程导弹。

英文名称：

Jeongjo the Great Class Destroyer

研制国家：韩国

制造厂商：现代重工集团

生产数量：3艘

服役时间：2024年至今

主要用户：韩国海军

Warships

基本参数	
满载排水量	11500吨
全长	170米
全宽	21米
吃水	6.25米
最高航速	30节
续航距离	5500海里
舰员	300人
发动机功率	75000千瓦
舰载机数量	2架

韩国“独岛”级两栖攻击舰

“独岛”级两栖攻击舰是韩国海军装备的第一种全通甲板式军舰，具备较强的直升机搭载与作战能力。该舰飞行甲板长179米、宽31米，一侧设有5个直升机起降点，可同时容纳5架直升机起降操作；舰岛后方另有2个直升机停放点。机库可容纳10架SH-60直升机，并具备开展各类维护作业的空间与设施。

舰内坞舱长26.5米、宽14.8米，能够容纳2艘LCAC气垫登陆艇或12辆AAAV两栖突击车。该级舰可搭载720名全副武装的海军陆战队员，并可携带登陆所需的装备与物资，包括主战坦克、装甲车、炮兵武器及弹药等。在自卫武器方面，“独岛”级两栖攻击舰配备了两种系统：荷兰“守门员”近程防御武器系统（共2座）和美国“拉姆”短程防空导弹发射装置（共1座）。

英文名称： Dokdo Class Amphibious Assault Ship
研制国家： 韩国
制造厂商： HJ重工
生产数量： 2艘
服役时间： 2007年至今
主要用户： 韩国海军

Warships

基本参数

满载排水量	19500吨
全长	199米
全宽	31米
吃水	7米
最高航速	23节
续航距离	10000海里
舰员	330人
发动机功率	89520千瓦

日本“出云”级直升机驱逐舰

“出云”级直升机驱逐舰尽管仍被定位为“直升机驱逐舰”，但其尺寸和排水量已超越二战时期日本的部分正规航空母舰，甚至超过意大利、泰国等国现役的轻型航空母舰。

“出云”级直升机驱逐舰采用全通式飞行甲板和右置舰岛的典型航空母舰布局。与“日向”级直升机驱逐舰相比，“出云”级舰体规模更大，且具备后者所不具备的两栖部队运输能力和海上补给能力。其舷侧设有两栖部队滚装舱门，舰艉配备燃料纵向补给设施，多任务能力显著提升。该级舰最多可容纳28架直升机，能够同时起降5架直升机。此外，“出云”级还预留了搭载F-35B战斗机的空间和能力，未来可通过改装进一步提升其航空作战能力。

英文名称：
Izumo Class Helicopter Destroyer

研制国家：日本

制造厂商：横滨矶子工厂

生产数量：2艘

服役时间：2015年至今

主要用户：日本海上自卫队

基本参数

满载排水量	27000吨
全长	248米
全宽	38米
吃水	7.5米
最高航速	30节
续航距离	6000海里
舰员	470人
发动机功率	98851千瓦
舰载机数量	28架

日本“夕张”级护卫舰

“夕张”（Yubari）级护卫舰是“石狩”级导弹护卫舰的后继舰种，一共建造了2艘，在1983～2010年间服役。

“夕张”级护卫舰的舰身比“石狩”级护卫舰增长了6米，船舰上层结构更换为钢制，后甲板留有加装“密集阵”近程防御武器系统的升级空间，不过最后没有安装。因住舱面积有所增加，“夕张”级的居住性大大改善。

与“石狩”级护卫舰相比，“夕张”级护卫舰具有更高的自动化操纵能力。该级舰装有1门奥托·梅莱拉76毫米舰炮、8具“鱼叉”反舰导弹发射装置、1座四联装反潜火箭发射装置、2座三联装68式鱼雷发射装置。“夕张”级护卫舰的主要电子设备包括FCS-2-21B型火控雷达、OPS-28雷达、OPS-19雷达和SQS-36D声呐等。

英文名称： Yubari Class Frigate
研制国家： 日本
生产数量： 2艘
服役时间： 1983～2010年
主要用户： 日本海上自卫队

Warships

基本参数

满载排水量	1690吨
全长	91米
全宽	10.8米
吃水	3.6米
最高航速	25节
舰员	95人
发动机功率	18400千瓦

日本“阿武隈”级护卫舰

“阿武隈”（Abukuma）级护卫舰是日本于20世纪80年代末开始建造的通用护卫舰，一共建造了6艘，从1989年服役至今。

“阿武隈”级护卫舰隐形效果较好，是日本海上自卫队第一种引入舰体隐形设计的战斗舰艇。舰上两舷船体向内倾斜，这样可使雷达波向海面扩散，达到不易被对方雷达捕捉的目的。“阿武隈”级护卫舰采用可变螺距的侧斜螺旋桨，可以降低转数约四分之一，既减少了噪音，又提高了隐蔽性。

传统的日本护卫舰作战任务比较单一，其武器装备除舰炮外，通常只装备了火箭深弹或“阿斯洛克”反潜导弹。“阿武隈”级护卫舰则实现了多用途化，装备了较先进的“鱼叉”反舰导弹、76毫米舰炮、“密集阵”近程防御武器系统、“阿斯洛克”反潜导弹、反潜鱼雷、电子战系统等，能执行多项作战任务。

英文名称：Abukuma Class Frigate
研制国家：日本
制造厂商：三井造船厂
生产数量：6艘
服役时间：1989年至今
主要用户：日本海上自卫队

基本参数

满载排水量	2550吨
全长	109米
全宽	13.4米
吃水	3.8米
最高航速	27节
舰员	120人
发动机功率	19900千瓦

日本“最上”级护卫舰

“最上”级护卫舰是日本于2019年开始建造的导弹护卫舰。该级舰采用传统的破浪球艏深V形排水船体和双轴双桨布局。一方面，这种设计满足了安装大尺寸舰艏声呐的要求，便于执行反潜任务；另一方面，其船体结构稳固，在搭载大型上层建筑和众多任务设备后，仍具备良好的远洋航行能力。舰艉设有大型作业坞舱，可容纳用于执行扫雷和反潜任务的无人水面艇及水下机器人。

“最上”级护卫舰采用柴燃联合动力系统，配备一台英国罗尔斯·罗伊斯MT-30燃气轮机和两台德国曼恩12V2833D柴油发动机。该级舰可搭载1架SH-60K“海鹰”反潜直升机，机库上方配备11个发射单元的“海拉姆”短程防空导弹系统和1座Mk 15“密集阵”近程防御武器系统。此外，舰艏甲板预留了垂直发射装置的安装位置。

英文名称：Mogami Class Frigate

研制国家：日本

制造厂商：三菱重工长崎造船厂

生产数量：12艘（计划）

服役时间：2022年至今

主要用户：日本海上自卫队

Warships

★★★

基本参数

满载排水量	5500吨
全长	130米
全宽	16米
吃水	4.5米
最高航速	30节
续航距离	5000海里
舰员	90人
发动机功率	51485千瓦

日本“初雪”级驱逐舰

“初雪”（Hatsuyuki）级驱逐舰是日本于20世纪70年代末建造的多用途驱逐舰，一共建造了12艘。

“初雪”级驱逐舰的上层建筑尺寸大，前7艘采用轻质合金制造，后5艘采用钢材制造。该舰采用单桅结构，四脚网架式桅杆较高，顶置弧面形雷达天线，艏楼顶部有金属塔形基座，上置球形雷达天线。此外，“初雪”级机库顶端球形雷达天线十分醒目，其后直升机平台底座较高。

“初雪”级驱逐舰的舰载武器包括：1座八联装“阿斯洛克”反潜导弹发射装置；1座八联装Mk 29型“海麻雀”导弹发射装置；2座四联装“鱼叉”反舰导弹发射管；1座单管76毫米奥托主炮；2座6管20毫米“密集阵”近防炮；2座三联68型反潜鱼雷发射管；1架SH-60J反潜直升机。

英文名称：
Hatsuyuki Class Destroyer

研制国家：日本

制造厂商：三菱重工

生产数量：12艘

服役时间：1982～2021年

主要用户：日本海上自卫队

Warships

基本参数

满载排水量	3800吨
全长	130米
全宽	13.6米
吃水	4.2米
最高航速	30节
舰员	200人
发动机功率	34000千瓦
舰载机数量	1架

日本“秋月”级驱逐舰

“秋月”（Akizuki）级驱逐舰是日本设计建造的以反潜为主的多用途驱逐舰，一共建造了4艘，从2012年服役至今。

由于“秋月”级驱逐舰装备了FCS-3A多功能雷达，并且采用隐身桅杆，外形较以往的驱逐舰有较大改观，但舰体本身是在“高波”级驱逐舰的基础上设计的，基本上沿用了“高波”级的配置，并没有大的变化。舰长与“高波”级相同，但水线宽和吃水分别增加了70厘米和10厘米。

“秋月”级驱逐舰的主要武器包括：1座Mk 45型127毫米主炮，2座四联装90式反舰导弹系统，4座八联装Mk 41型垂直发射系统（发射“海麻雀”防空导弹和“阿斯洛克”反潜导弹），2座三联装97式324毫米鱼雷发射装置（发射Mk 46型鱼雷或97式鱼雷），2座Mk 15“密集阵”近程防御系统，4座6管Mk 36 SBROC干扰箔条发射装置。此外，该级舰还可搭载2架SH-60K反潜直升机。

英文名称：Akizuki Class Destroyer

研制国家：日本

制造厂商：三菱重工

生产数量：4艘

服役时间：2012年至今

主要用户：日本海上自卫队

基本参数

满载排水量	6800吨
全长	150.5米
全宽	18.3米
吃水	5.3米
最高航速	30节
舰员	200人
发动机功率	46500千瓦
舰载机数量	1架

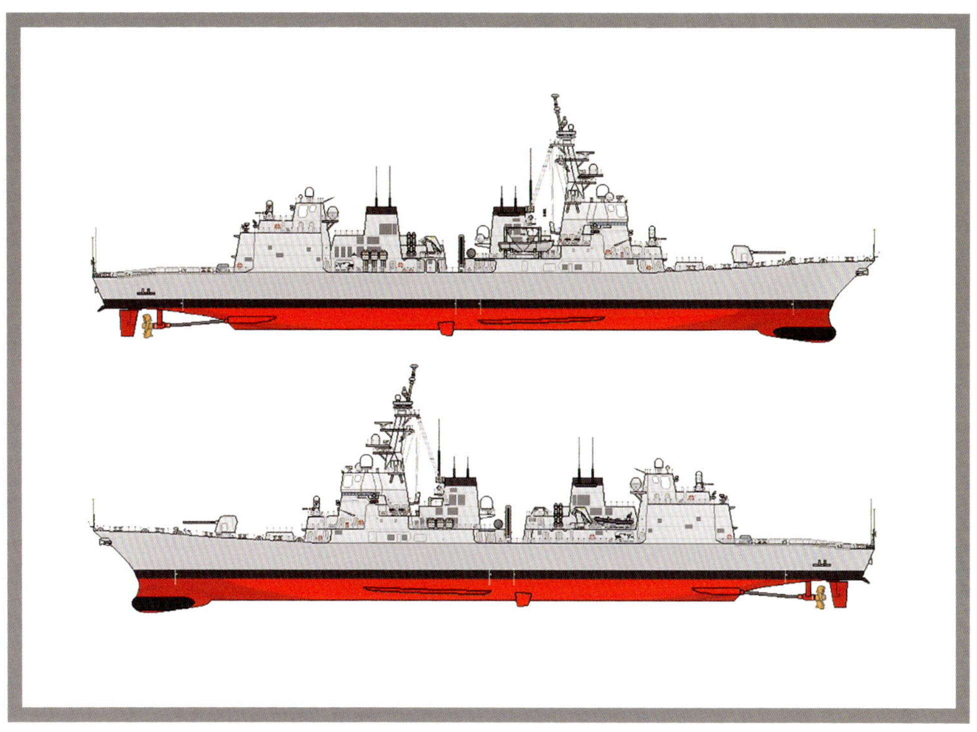

▲ “秋月”级驱逐舰结构图

▼ 停靠在港口的“秋月”级驱逐舰

日本“爱宕”级驱逐舰

“爱宕”级驱逐舰是日本在“金刚”级驱逐舰基础上建造的重型防空导弹驱逐舰，其舰体加长了4米，并增加了附有机库的艉楼结构，使其成为日本海上自卫队第一种具备完整直升机驻舰能力的防空驱逐舰。这种设计不仅增加了内部空间，优化了舰体总体布置，还显著减轻了舰体的横摇和纵摇，增强了舰艇在高速航行时的稳定性，从而提升了适航性、稳定性和机动性。

“爱宕”级驱逐舰的主要武器系统包括：2座Mk 41导弹垂直发射系统、2座“密集阵”近程防御系统、2座三联装324毫米HOS-302型旋转式鱼雷发射管、2座四联装90式反舰导弹发射装置、1门采用隐身设计的Mk 45 Mod 4型127毫米全自动舰炮、4挺12.7毫米机枪，以及4座六管Mk 36型箔条诱饵发射装置。

英文名称：Atago Class Destroyer
研制国家：日本
制造厂商：三菱重工长崎造船厂
生产数量：2艘
服役时间：2007年至今
主要用户：日本海上自卫队

Warships

基本参数

满载排水量	10000吨
全长	165米
全宽	21米
吃水	6.1米
最高航速	30节
续航距离	4500海里
舰员	300人
发动机功率	75000千瓦
舰载机数量	1架

日本“朝日”级驱逐舰

“朝日”级驱逐舰是日本建造的通用型导弹驱逐舰，旨在替换20世纪80年代建造的“初雪”级驱逐舰。该级舰是在“秋月”级驱逐舰基础上发展而来，其设计目标是针对新一代潜艇，具备在深海和浅海环境中的反潜作战能力。与功能较为全面的“秋月”级驱逐舰相比，“朝日”级为控制成本，牺牲了部分性能，尤其是防空能力。

“朝日”级驱逐舰的主要作战任务是反潜，因此其防空和反舰火力相对较弱。舰上配备Mk 41垂直发射系统，可混合搭载07式垂直发射反潜火箭和“海麻雀”改进型防空导弹。其他武器系统包括1门127毫米Mk 45 Mod 4舰炮、2座四联装90式反舰导弹发射装置、2座“密集阵”近程防御武器系统、2座三联装324毫米HOS-303鱼雷发射管。此外，该级舰还设有直升机机库，最多可搭载2架SH-60J/K“海鹰”直升机。

英文名称：	Asahi Class Destroyer
研制国家：	日本
制造厂商：	三菱重工长崎造船厂
生产数量：	2艘
服役时间：	2018年至今
主要用户：	日本海上自卫队

Warships

基本参数

满载排水量	6800吨
全长	151米
全宽	18.3米
吃水	5.4米
最高航速	30节
续航距离	3800海里
舰员	200人
发动机功率	45969千瓦
舰载机数量	2架

日本“摩耶”级驱逐舰

“摩耶”级驱逐舰是日本在“爱宕”级驱逐舰基础上研制的重型防空导弹驱逐舰，配备了“宙斯盾”作战系统。“摩耶”级驱逐舰采用联合推进方式，结合了燃气轮机和电动机。这种设计在中低速巡航时使用燃气轮机驱动电动机发电，高速冲刺时燃气轮机直接驱动螺旋桨，既保证了燃料效率，又能为定向能武器系统提供能源。

“摩耶”级驱逐舰装有新型的AN/SPY-1D(V)相控阵雷达。该雷达专门用于在濒海地区探测巡航导弹和其它空中攻击目标，是“宙斯盾”系统发展史上的一个里程碑，除了提高远海作战性能外，还提高了探测和跟踪掠海飞行的巡航导弹、战术弹道导弹等目标的能力，在杂波和严重干扰条件下具有较高的数据传输速率。“摩耶”级驱逐舰配备了96单元的Mk 41垂直发射系统，可以混装“标准”-2远程防空导弹、“标准”-3海基拦截导弹、“海麻雀”改进型防空导弹和“阿斯洛克”反潜导弹等。

英文名称： Maya Class Destroyer
研制国家： 日本
制造厂商： 横滨矶子工厂
生产数量： 2艘
服役时间： 2020年至今
主要用户： 日本海上自卫队

Warships

基本参数

满载排水量	10250吨
全长	170米
全宽	21米
吃水	6.4米
最高航速	30节
续航距离	4500海里
舰员	300人
发动机功率	50720千瓦
舰载机数量	1架

日本“摩周”级快速战斗支援舰

“摩周”级快速战斗支援舰是日本在21世纪初期建造的快速战斗支援舰。相较于海上自卫队过去的补给舰，该级舰的设计更偏向与美军协同的海外联合任务，所以不仅排水量与储油量更大，而且拥有更好的乘员适居性。该级舰的舰艉设有直升机机库与飞行甲板，能携带、操作直升机并提供落地维修勤务，故具有更好的长期独立作业能力，这是过去海上自卫队补给舰所不具备的特征。

为了避免补给设施过度妨碍舰桥前方的视线，“摩周”级快速战斗支援舰舍弃了过去海上自卫队补给舰惯用的旧式补给门架，改用单柱式补给桁，至于补给桁的布局（前后2对补给燃油，中间1对负责干货弹药）则仍与过去相似。“摩周”级快速战斗支援舰可以装载10000吨舰用燃油、650吨航空燃油、450吨弹药、180吨润滑油、1200吨干货（粮食、蔬菜等生活补给品）和850吨淡水。

英文名称：Mashu class fast combat support ship

研制国家：日本

制造厂商：三井重工玉野造船厂

生产数量：2艘

服役时间：2004年至今

主要用户：日本海上自卫队

基本参数

满载排水量	25000吨
全长	221米
全宽	27米
吃水	8米
最高航速	24节
续航距离	9500海里
舰员	145人
发动机功率	59656千瓦
舰载机数量	1架

日本“管岛”级扫雷舰

“管岛”（Sugashima）级扫雷舰是日立重工公司为日本海上自卫队制造的轻型扫雷舰，一共建造了10艘，从1999年服役至今。

“管岛”级扫雷舰的舰壳与“初岛”级扫雷舰相似，但上层甲板有所延长以容纳更多装备。该级舰的贯通式甲板由艇艏沿圆角过渡至烟囱后方，并下沉过渡至较低的后甲板。小型舰桥位于上层建筑前缘后方，高大的三角式主桅位于艇舯，高大细长的倾斜式双烟囱安装有黑色顶罩和雷达天线。扫雷作业平台位于作业甲板后缘。

“管岛”级扫雷舰的电子设备主要有OPDS-39B型对海搜索雷达、马可尼GEC 2093型变深声呐系统。武器装备方面，“管岛”级扫雷舰有1门JM-6120毫米“海火神”20毫米炮。

英文名称：

Sugashima Class Minesweeper

研制国家：日本

生产数量：10艘

服役时间：1999年至今

主要用户：日本海上自卫队

Warships

★★★

基本参数

满载排水量	510吨
全长	54米
全宽	9.4米
最高航速	14节
舰员	45人
发动机功率	2100千瓦

加拿大“金斯顿”级扫雷舰

“金斯顿”（Kingston）级扫雷舰是加拿大研制的多用途扫雷舰，一共建造了12艘，从1996年服役至今。

“金斯顿”级扫雷舰设有长前甲板，贯通式主甲板延伸到阶梯式上层建筑后方，并向后延伸至艇艉作业甲板。全方位舰桥舷窗，粗厚的柱式桅杆位于舰桥顶部，两部倾斜的细长烟囱位于上层建筑后方左右舷，超重吊臂位于烟囱之间。

“金斯顿”级扫雷舰装有1门博福斯40毫米舰炮，2挺12.7毫米口径机枪。该级舰的扫雷设备包括加拿大英德尔技术公司的SLQ-38奥罗柏萨扫雷装置（单部或双联装）、AN/SQS-511航线测量系统、水雷勘察系统、ISE TB 25遥控式海底勘察装置等。

英文名称：
Kingston Class Minesweeper

研制国家：加拿大

生产数量：12艘

服役时间：1996年至今

主要用户：加拿大海军

Warships

基本参数

满载排水量	962吨
全长	55.3米
全宽	11.3米
吃水	3.4米
最高航速	15节
续航距离	5000海里
舰员	47人
发动机功率	9400千瓦

希腊“杰森”级坦克登陆舰

“杰森”（Jason）级坦克登陆舰是希腊于20世纪年代研制的坦克登陆舰，一共建造了5艘，分别为“奇奥斯”号（L173）、“萨摩斯”号（L174）、“莱斯波斯”号（L176）、“伊卡里亚”号（L175）和“罗多斯”号（L177），从1994年服役至今。

“杰森”级坦克登陆舰的武器装备包括1门奥托·梅莱拉76毫米紧凑型舰炮，2座双联装布雷达40毫米紧凑型舰炮，2座双联装莱茵金属公司20毫米炮。此外，该级舰还设有可容纳1架中型直升机的起降平台。“杰森”级的电子设备有汤姆森-CSF“海神”对海搜索雷达、凯尔文·休斯1007型导航雷达等。

英文名称：
Jason Class Tank Landing Ship

研制国家：希腊

生产数量：5艘

服役时间：1994年至今

主要用户：希腊海军

基本参数

满载排水量	4400吨
全长	116米
全宽	15.3米
吃水	3.4米
最高航速	16节
舰员	120人
发动机功率	67600千瓦

德国209级常规潜艇

209级潜艇是德国在20世纪70年代研制的一种柴电动力潜艇，一共建造了61艘，从1971年服役至今。

209级潜艇有1100型、1200型、1300型、1400型、1500型五个类别，各类别的吨位、武器设备略有差异，但技术性能大体相同。该级艇内装有应急吹除系统，能在事故情况下使潜艇迅速浮到水面。1500型在艇的耐压舱壁旁装有救生球，直径2.6米，可容纳全部艇员。如果潜艇沉没，球体可自行分离，上浮到水面成为救生艇。

209级潜艇的主要武器是位于艇艏的8具533毫米鱼雷发射管，可发射包括线导鱼雷在内的各型鱼雷，原来使用DM-2A1反舰鱼雷和DM-1反潜鱼雷，后全部换为更先进的SST-4和SUT反舰/反潜两用鱼雷。除此之外，部分209级潜艇还装了“鱼叉”潜射反舰导弹。

英文名称： 209 Class Submarine
研制国家： 德国
生产数量： 61艘
服役时间： 1971年至今
主要用户： 德国海军

Warships

基本参数

潜航排水量	1810吨
全长	64.4米
全宽	6.5米
吃水	6.2米
潜航速度	21.5节
潜航深度	500米
续航距离	8000海里
艇员	40人
发动机功率	3383千瓦

德国212级常规潜艇

212级潜艇由德国哈德威造船厂所开发设计的柴电动力潜艇，一共建造了8艘，从2005年服役至今。

212级潜艇采用长宽比最佳的水滴形线形，艏部略微下沉，艉部呈尖锥形。中部偏前有流线形良好的小型指挥台围壳，其上装有水平舵，艉操纵面为X形。有别于德国常规潜艇以往传统的单壳体结构，212型采用混合式壳体，即大部分船体采用单壳体，其余部分则为双壳体。耐压体由前后两个直径不同的圆筒组成，圆筒之间采用加厚板制成的耐压锥体连接，耐压壳体前后两端均采用模压球形封头。

212级潜艇艇艏装有6具533毫米鱼雷发射管，可使用DM2A4重型鱼雷、IDAS短程导弹等，艇上还备有自动化鱼雷快速装填装置。该级艇通常携带24枚水雷、40枚干扰器/诱饵等。212级的电子设备主要包括搜索潜望镜、攻击潜望镜、1007型导航雷达、卫星导航定位系统、无线电综合导航系统、电罗经、计程仪和测深仪等。

英文名称：212 Class Submarine
研制国家：德国
制造厂商：哈德威造船厂
生产数量：8艘
服役时间：2005年至今
主要用户：德国海军

Warships

基本参数

潜航排水量	1800吨
全长	51米
全宽	6.4米
吃水	6.5米
潜航速度	21节
潜航深度	200米
续航距离	8000海里
艇员	23人
发动机功率	4500千瓦

德国 214 级常规潜艇

214级潜艇是德国在209级潜艇的基础上研制而来的新型常规潜艇，计划建造15艘，从2007年服役至今。

214级潜艇通过在总体、动力、设备等方面精心研制，获得了一个安静的作战平台。耐压艇体由HY80和HY100低磁钢建造，强度高、弹性好，下潜深度大于400米，不易被敌方磁探测器发现。艇体进行光顺设计，尽量减少表面开口，开口采用挡板结构以便尽可能地减小海水流动噪音。

214级潜艇采用模块化设计建造技术，将武器系统、传感器和潜艇平台紧密结合成为一体，适合完成各种使命任务，基本代表了目前常规动力潜艇的技术发展水平。该级艇光顺的外形及涂敷在艇体外表面的声波吸附材料对大幅度降低水下目标强度发挥了很大作用，减少了被敌人探测到的概率，增加了自身的声呐探测距离。

英文名称： 214 Class Submarine

研制国家： 德国

生产数量： 15艘（计划）

服役时间： 2007年至今

主要用户： 德国海军

Warships ★★★

基本参数

潜航排水量	1980吨
全长	65米
全宽	6.3米
吃水	6米
潜航速度	20节
潜航深度	400米
续航距离	10420海里
艇员	27人
发动机功率	6240千瓦

意大利“萨乌罗”级常规潜艇

“萨乌罗”（Sauro）级潜艇是意大利海军二战后的第二代潜艇，一共建造了8艘，从1978年服役至今。

“萨乌罗”级潜艇采用水滴形艇型，单壳体结构，耐压壳体由用HY80高强度钢制成的圆柱壳体和艏艉端半球形头构成。动力装置采用单轴柴-电推进系统，安装了3台柴油机和1台主推进电机。“萨乌罗”级潜艇在设计上十分重视提高隐蔽性和降低噪音，艇上广泛采用弹性夹具和基座、减振器和挠性管接头。

“萨乌罗”级潜艇的主要武器为6具533毫米鱼雷发射管（配备“怀特海德”A124 Mod 3鱼雷，备弹12枚），并可携带水雷。该级艇的电子设备有CSU-90主/被动声呐、AESN MD-100S阵列声呐、SPEA CCRG火控系统等。该级艇具有较强的续航能力，以适应远洋航行，通气管状态下续航力为12500海里（4节），自持力在30天以上。

英文名称： Sauro Class Submarine
研制国家： 意大利
生产数量： 8艘
服役时间： 1978年至今
主要用户： 意大利海军

Warships ★★★

基本参数

潜航排水量	1641吨
全长	63.9米
全宽	6.8米
吃水	5.6米
潜航速度	19节
潜航深度	250米
续航距离	2500海里
艇员	51人
发动机功率	5400千瓦

以色列“海豚”级常规潜艇

“海豚”（Dolphin）级潜艇是以色列海军装备的常规动力潜艇，一共建造了5艘，从1998年服役至今。

1991年，在海湾战争爆发后，以色列与德国签订了3艘“海豚”级潜艇的合约，其中两艘为德国赠送，另外一艘为共同出资。首艇“海豚”号在1998年服役，第二艘“黎凡塞”号于1999年服役，第三艘“泰库玛”号于2000年服役。2006年，以色列决定追加两艘“海豚”级订单。

“海豚”级潜艇是德国209级潜艇和212级潜艇的改良型。和212级艇相似，“海豚”级潜艇最大的特色在于它多出了一段可供两栖特战人员进出的舱段，而且还装载潜水推送器以执行输送特种部队的任务，能够胜任侦察和渗透作战。“海豚”级的鱼雷管数量多达10管，能够携带14枚鱼雷。“海豚”级还可以发射美制“鱼叉”级潜射反舰导弹，最大射程达130千米。

英文名称：
Dolphin Class Submarine

研制国家：以色列

生产数量：5艘

服役时间：1998年至今

主要用户：以色列海军

基本参数

潜航排水量	1900吨
全长	57米
全宽	6.8米
吃水	6.2米
潜航速度	21.5节
潜航深度	300米
续航距离	8000海里
艇员	45人
发动机功率	3164千瓦

瑞典"西约特兰"级常规潜艇

"西约特兰"（Vastergotland）级潜艇是瑞典在20世纪80年代研制的常规动力潜艇，一共建造了4艘，从1987年服役至今。

"西约特兰"级潜艇采用了分段建造法，即潜艇的艏段、中段和艉段分别建造，建好后再运至一个船厂集中组装，因而大大提高了建造速度。该级艇的动力装置采用柴电推进形式，由2台柴油机、1台推进电机和2组蓄电池构成。

"西约特兰"级潜艇装有6具533毫米和3具400毫米鱼雷发射管，可发射TP613型线导反舰鱼雷（18枚）和TP42型小型线导反潜鱼雷（6枚）。此外，还可由400毫米鱼雷管布放22枚水雷。由于该级艇在动力、操纵和武器控制方面有很高的自动化水平，可实现无人机舱，因此人员编制很少。为了适应瑞典海域较浅的特点，该级艇在设计上注重提高浅水活动能力，耐压壳体具有承受75米距离爆炸冲击的能力。

英文名称：
Vastergotland Class Submarine

研制国家：瑞典

生产数量：4艘

服役时间：1987年至今

主要用户：瑞典海军

Warships

★★★

基本参数

潜航排水量	1150吨
全长	48.1米
全宽	6.1米
吃水	5.6米
潜航速度	20节
潜航深度	300米
续航距离	8000海里
艇员	24人

瑞典“哥特兰”级常规潜艇

“哥特兰”（Gotland）级潜艇是世界上第一批装备不依赖空气推进装置的常规潜艇，一共建造了3艘，从1996年服役至今。

“哥特兰”级潜艇的艇体为长水滴形，采用单壳体结构，其耐压艇体由HY-80和HY-100高强度合金钢建造。该级潜艇的整个艇体由双层耐压隔壁分为两个水密舱，这样使潜艇的舱室空间得到充分利用，以利于改善艇员的居住和生活条件。该艇的前后密封舱段都分上下两层布置，在后舱段中装有斯特林不依赖空气推进系统及其辅助设备。

“哥特兰”级潜艇所携带的武器不仅性能先进而且种类较多，仅鱼雷就有3种，包括TP2000型鱼雷、TP613/TP62型鱼雷以及TP432/TP451型鱼雷。TP2000型鱼雷的航速高达50节，航程超过25千米，而且具有较大的作战潜深。

英文名称：
Gotland Class Submarine

研制国家：瑞典

生产数量：3艘

服役时间：1996年至今

主要用户：瑞典海军

Warships

★★★

基本参数

潜航排水量	1599吨
全长	60.4米
全宽	6.2米
吃水	5.6米
潜航速度	20节
续航距离	10000海里
艇员	32人
发动机功率	2090千瓦

澳大利亚“柯林斯”级常规潜艇

“柯林斯”（Collins）级潜艇是澳大利亚海军最新型的常规动力潜艇，一共建造了6艘，从1996年服役至今。

“柯林斯”级潜艇采用的是单壳体结构，两层连续甲板。为了提高总体性能，降低艇体重量，艇体是用瑞典产的抗拉伸高强度钢制成。这种合金钢比HY80及HY100镍铬钢更易焊接和加工。“柯林斯”级潜艇采用圆钝艏、尖锥艉的过渡形线形，流线形指挥台围壳上装有水平舵。全艇仅艏端和艉端设有主压载水舱，中部为单壳体。

“柯林斯”级潜艇的前端配有六具533毫米鱼雷发射管，能够发射Mk 48型线导主/被动寻的鱼雷，这种鱼雷在55节时射程为38千米，40节时射程为50千米，其弹头重达267千克。此外，该级潜艇还能发射波音公司研制的“鱼叉”反舰导弹，该艇一共能够携带22枚导弹或鱼雷以及44枚水雷。

英文名称：

Collins Class Submarine

研制国家：澳大利亚

生产数量：6艘

服役时间：1996年至今

主要用户：澳大利亚海军

Warships

基本参数

潜航排水量	3353吨
全长	77.8米
全宽	7.8米
吃水	6.8米
潜航速度	20节
潜航深度	255米
续航距离	11500海里
艇员	42人
发动机功率	5400千瓦

韩国“岛山安昌浩”级常规潜艇

“岛山安昌浩”级潜艇第一批次共计3艘，第二批次计划建造6艘，第二批次将在设计、武器和自动化方面进行多项改进。“岛山安昌浩”级潜艇是韩国迄今为止建造的排水量最大的潜艇，也是韩国首次建造3000吨以上排水量的潜艇。该级艇采用流线形艇体、十字形尾舵和混合壳体结构设计，具有较好的水下抗压能力和机动性。

“岛山安昌浩”级潜艇第一批次使用了韩国自行设计的燃料电池作为AIP模块，可提供20天的水下自持力。第二批次改为使用锂电池。第一批次在艇艏装有6具533毫米鱼雷发射管，在指挥台围壳后方装有K-VLS垂直发射系统（6个发射单元），携带6枚“玄武”潜射弹道导弹。第二批次将K-VLS垂直发射系统的发射单元从6个增加到10个，除了“玄武”潜射弹道导弹外，还可以发射“翔龙”对地巡航导弹（研发中）。

英文名称：

Dosan Ahn Changho Class Submarine

研制国家：韩国

制造厂商：现代重工集团、大宇集团

生产数量：9艘（计划）

服役时间：2021年至今

主要用户：韩国海军

基本参数

潜航排水量	3750吨
全长	83.5米
全宽	9.6米
吃水	7.62米
最高航速	20节
续航距离	10000海里
舰员	50人
发动机功率	4200千瓦

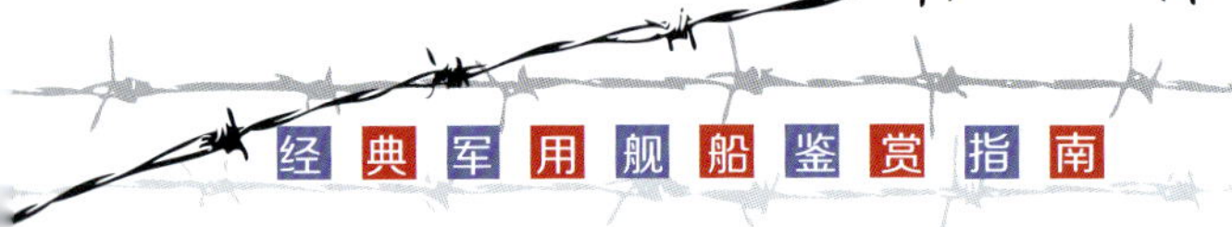

日本“春潮”级常规潜艇

“春潮”（Harushio）级潜艇是日本于20世纪80年代末开始建造的常规动力潜艇，一共建造了7艘，从1990年服役至今。

“春潮”级潜艇在设计上延续前型的“涡潮”级潜艇、“汐潮”级潜艇一脉传承的基本构型，包括双壳水滴形舰体、十字形尾舵、单轴、前水平翼位于帆罩上等。但在舰体长度增长1米，直径略增，排水量增大，在艇员居住舒适性、舰体材料、潜航续航力、静音能力、水下侦测等方面都有许多改进。“春潮”级的武器装备主要是潜射型“鱼叉”反舰导弹和日本国产89式自导鱼雷，由6具533毫米鱼雷发射管发射。

英文名称：
Harushio Class Submarine

研制国家：日本

制造厂商：三菱重工

生产数量：7艘

服役时间：1990年至今

主要用户：日本海上自卫队

Warships

★★★

基本参数

潜航排水量	3200吨
全长	77米
全宽	10米
吃水	7.7米
潜航速度	20节
潜航深度	400米
续航距离	8000海里
艇员	65人
发动机功率	5400千瓦

日本“亲潮”级常规潜艇

“亲潮”（Oyashio）级潜艇是日本于20世纪90年代初开始建造的常规潜艇，一共建造了11艘，从1998年服役至今。

“亲潮”级潜艇沿袭了日本潜艇惯用的水滴式艇身设计，但与“春潮”级潜艇的复壳式艇身结构不同，“亲潮”级潜艇改用单壳、复壳并用的复合结构，其艇身中央的耐压船壳裸露，并且艇身的构型也不如以往圆滑，艇身的排水口大幅减少。

“亲潮”级潜艇的鱼雷发射管布置方式与以往的日本潜艇不同，虽然鱼雷室仍设置在艇身中段，但以往是将6座鱼雷发射管以上下并列方式从前段艇身两侧突出，“亲潮”级的发射管则向艇艏前移，两侧发射管各以一前两后的方式配置，并且是从舰体中心朝外斜向发射。“亲潮”级艇内共装备20枚鱼雷和导弹，包括最大射程38～50千米的89式线导鱼雷和潜射式“鱼叉”反舰导弹。

英文名称：
Oyashio Class Submarine

研制国家：日本

制造厂商：三菱重工

生产数量：11艘

服役时间：1998年至今

主要用户：日本海上自卫队

Warships ★★★

基本参数

潜航排水量	4000吨
全长	81.7米
全宽	8.9米
吃水	7.4米
潜航速度	20节
潜航深度	500米
续航距离	8000海里
艇员	70人
发动机功率	5780千瓦

日本“苍龙”级常规潜艇

“苍龙”（Black Dragon）级潜艇是日本在二战后建造的吨位最大的潜艇，计划建造9艘，从2009年服役至今。

“苍龙”级潜艇的指挥台围壳和艇体上层建筑的横截面呈倒V字形锥体结构，其艇体和指挥台围壳的侧面敷设了吸声材料，主要目的是为了提高对敌人主动声呐探测的声隐身性。“苍龙”级在艇体上层建筑的外表面也敷设了声反射材料，使该级潜艇的声隐身性能得到进一步提高。

“苍龙”级潜艇装载的鱼雷和反舰导弹等各种武备基本上与“亲潮”级潜艇相同，但是艇上武器装备的管理却采用了新型艇内网络系统。此外，艇上作战情报处理系统的计算机都采用了成熟技术。该级艇装备的是6具533毫米鱼雷发射管，与“亲潮”级上装备的鱼雷发射管完全相同。

英文名称：
Black Dragon Class Submarine

研制国家：日本

制造厂商：三菱重工

生产数量：9艘

服役时间：2009年至今

主要用户：日本海上自卫队

Warships

基本参数

潜航排水量	4200吨
全长	84米
全宽	9.1米
吃水	8.5米
潜航速度	20节
潜航深度	500米
续航距离	6100海里
艇员	65人
发动机功率	5883千瓦

日本“大鲸”级常规潜艇

“大鲸”级潜艇是日本建造的新型常规潜艇，首艇于2022年3月正式服役，刷新了日本常规潜艇的最大吨位纪录。

“大鲸”级潜艇采用锂离子燃料电池AIP（不依赖空气推进）系统，这是其设计上的一大亮点。据称，这种锂离子电池的容量可达铅酸电池的两倍以上，因此“大鲸”级潜艇即使在不使用AIP系统的情况下，也能大幅提高水下航行时间，尤其是能够较长时间维持较高航速。“大鲸”级潜艇配备了鱼雷防御系统，以及高性能呼吸管和采用光纤技术的先进声呐系统，其静音能力不逊于“苍龙”级潜艇。此外，该级潜艇装有6具533毫米鱼雷发射管，可发射“鱼叉”反舰导弹和布设水雷。

英文名称：Taigei Class Submarine
研制国家：日本
制造厂商：三菱重工、川崎重工
生产数量：8艘（计划）
服役时间：2022年至今
主要用户：日本海上自卫队

Warships

★★★

基本参数	
潜航排水量	4300吨
全长	84米
全宽	9.1米
吃水	10.4米
最高航速	20节
续航距离	10000海里
舰员	70人
发动机功率	4470千瓦

参考文献

[1] 军情视点. 全球舰艇图鉴大全. 北京：化学工业出版社，2016.

[2] 陈艳. 潜艇——青少年必知的武器系列[M]. 北京：北京工业大学出版社，2013.

[3] 哈钦森. 简氏军舰识别指南[M]. 北京：希望出版社，2003.

[4] 海人社. 美国海军图鉴[M]. 青岛：青岛出版社，2009.

[5] 查恩特. 现代攻击舰和小型武装舰船[M]. 北京：中国市场出版社，2010.